克勞塞維慈《戰爭論》綱要

戰爭是政治的繼續

戰爭是交戰雙方各為屈服敵方意志之無界限的努力
有戰爭就要提倡兵學、發展兵學。
兵學是武力的基礎，武力是國家的長城。

李浴日 翻譯
成田賴武 原著

兵學大師克勞塞維慈

克勞塞維茲戰爭論為西方兵學名著博大精深歷久常新與吾國兵經孫子差堪媲美余曩年在德研究軍事時常置案頭加以鑽研頗受其啟迪當茲世界危機日亟是編或有助於軍事原理之探求惟卷帙浩繁文辭艱深余友李浴日先生曾與以摘譯編為綱要提精取華而綜核原義讀者便之茲當再版特綴數語於篇末以誌不忘

乙未仲春 徐培根

楊序

言近世戰史者，斷代於拿破崙；近代兵學亦以拿翁戰史之研究肇其初基。拿翁用兵之神，武功之盛，遠邁前人，顧於戰爭原則之理論說明，則初無體系，是亦猶大藝術家於着筆之際，原無規矩準繩存乎其心，故亦未能以體系完整之學說傳其心法也。拿翁歿後，西洋對兵學之系統研究始漸盛，論者輩出，其尤著者，曰蕭米尼，曰克塞勞維慈。蕭米尼以瑞士籍軍官曾充法軍參謀，於拿翁作戰之方法領悟特深，著有革命戰爭批判史，戰術論等書，其對內線作戰之闡揚，支配西洋兵學思想幾達一世紀之久；惟蕭米尼之立論純出發於幾何學的歸納與演繹，重形式而忽於精神，是其弱點。與蕭米尼相反而相成者，則爲普魯士之克勞塞維慈。

克勞塞維慈生當拿翁之時代，且一度爲法軍所俘，羈法京三載，其對拿破崙戰爭之特質，觀察當甚深刻，而克氏復秉哲學家之氣質，承其本國哲學名宿康德，裴希特，黑格爾諸氏之餘緒，治學方法愼密謹嚴，宜其學說博大精微，體系井然也。

克氏戰爭論之主要命題，約而言之，不外三者：一曰，政治目的爲戰爭之本原動機，故戰爭實爲政治之手段，政治活動之繼續（戰爭之政治內容）；一曰，戰爭所用暴力有敵我間相互之作用，故暴力之發揮以達極限爲理想（戰略之獨立發展）；一曰，精神力爲遂行戰爭之要素，僅據物質現象立說則理論必與實際相違。凡此命題皆爲拿破崙時代現實背境之產物，固不待言；拿翁一生成敗，當時法蘭西之政治新生，西班牙之游擊戰以及普魯士之民軍均與克氏以甚深印象，亦意中事，克氏於其書中已屢言之矣。拿翁以本能之直覺，運用極限暴力原則，故得成其殲滅戰與速決戰之大功；善用士氣，故能克服諸多危難，行動敏速；惟自一八一二年之役以後，戰功之赫赫如故，而政治目的之達成則鮮，終以覆敗。拿翁以直覺所行之於實踐者，克氏則以哲學規之爲學理，於是有戰爭論之作。普魯士軍人讀克氏書，試用之於一八七〇年之戰，賴政略戰略之協調，極限暴力原則之運用，果奏捷於色當，盡雪前恥。克氏之學說行，德意志黷武主義之思想遂亦因克氏極限暴力說之刺激，而漸猖獗矣。

然而克氏戰爭學說之精義，主在說明戰爭之政治內容，固非以暴力之極限使用爲目的也。第一次世界大戰，德國敗於協約國家，政略上之原因居多。魯登道夫於戰爭後期以幕僚首長負戰爭指導之主責，其對政略與戰略之不盡配合引爲痛心，事屬固然，第政略與戰略不盡配合之原因，果否必當歸咎於克氏戰爭學說之政治命題，則誠爲疑問。戰爭爆發當時，德國參謀總長小毛奇之以動員計劃已定，無可更易爲辭，致令德國不得不冒兩面作戰之危險，是其戰略早經獨立發展，控制政略，勝敗之數固無待於美國之參戰與否也。魯登道夫以第一次大戰之經驗著爲全體性戰爭論，爲本次大戰軸心國家之精神的作戰指導，就政治目的、極限暴力以及精神要素諸原則言，全體性戰爭論實仍祖述克氏，然必欲以政略屈從戰略，發揮黷武主義之精神至於極限，則本次大戰德日兩大軍國之崩潰，可以爲鑑矣。

克氏爲學，以理論與現實並重，合哲學的思索與戰史之研究爲統一的發展，其方法論之正確，卽在百年後之今日亦具無可否定之價値。克氏之言曰：『戰爭發原於社會諸條件及其相互間之關係，故亦受此等條件之支配，』其對戰爭之動的本質，殆已說明無遺；然則其戰爭理論亦當依時代關係而爲動的統一，實爲當然。百餘年來科學技術之進步，克氏固不及見，卽社會條件與政治理想之改觀，亦頗非普魯士精神萌芽時代之克氏所可豫知；故現代戰爭之指導應如何依從新的社會條件以求新的政治理想之實現，是亦非克氏所可得而言者。日本成田賴武取克氏之書，汰其陳舊，刪其繁冗，期合於時代之要求，用意至善；惟苟擯棄克氏之方法論於不顧，而徒以克氏之若干命題，視爲黷武主義經典，是則重違吾人研究克氏之本意矣。

友人李浴日先生夙治孫子，蜚聲論壇，茲復譯成田氏之書，知余於克氏學說之介紹不無些微因緣，乞爲之序，爰書所見如此。

中華民國三十四年十月中山楊言昌

譯者序

讓我們拿起地圖一瞧吧！中國在世界上所佔面積這麼大，人口又這麼多，國際關係又那樣複雜，今後所發生的戰爭，其對於世界及人類前途的影響，將比任何國度爲重大。而中國現正從戰爭上來求民族國家的生存和解放，惟此目的的完全達到，恐怕還要相當時間，還要經過若干次大戰爭，凡此，都是指示我們要從速建立一種正確的戰爭理論以爲戰爭行動的指導，換言之，即要建立中國本位(獨特)的兵學。

所謂中國本位的兵學，其本質是革命的，反侵略的，內容則依於國情及對象而定。惟欲建立之，首先要了解中國固有的兵法，時代環境的需要，及世界各國的兵學。我們不能固步自封，離開時代，也不能盲目抄襲，全盤移植。我翻譯這部兵書，如能在這個大前提之下盡了多少義務，那也算于願已足了。

克勞塞維慈的戰爭論是西方兵學的最高峯，是腓特烈大王戰爭與拿破崙戰爭的結論，腓特烈大王是持久戰爭的代表者，拿破崙是決戰戰爭代表者，所以研究腓特烈、拿破崙戰史者應讀是書，就是研究持久戰爭、速決戰爭以及一般戰爭哲學者亦應讀是書。

克氏戰爭論的內容及其所建立兵學的原理原則，確是偉大空前。但因時代的進化，有些地方終免不了跟不上時代。成田賴武氏這部著作的特點，在能補救它這個缺點，確是一部進步的、不同凡響的關於戰爭論的傑作，不管讀過原著，或未讀過，對於這本書，總有偷閒一讀，或精心研究的必要。

這次中日戰爭正在進行着克氏所說的『現實戰爭』，或持久戰爭，我們正採取着克氏所認爲最有利的守勢戰略，實行國內退軍，取得時間餘裕，增强戰力，待機反攻，所以在這個時候來讀克氏的戰爭論眞有一種快感，益覺克氏眞理炳然。不過在此兩軍對戰的當兒，我們欲得敵人最近出版的兵書，却不容易。成田賴武氏這部著作出版於一九四〇年，爲政治文化工作委員會圖書室所得，今春在渝，偶得一閱，正當文化勞軍蓬勃之時，借攜南歸，先在桂林譯就『總論』，繼在韶關一個山崗上費了兩個月的工夫，譯成全書，譯時曾參照國內所有克氏戰爭論的各種譯本，并略加增補，改正錯誤，術語方面，尤斟酌再三，雖盡了十分之八的力量，依然未臻於理想。在此，我謹以十二分的至誠，希望讀者賜予指正！

克氏戰爭論是一部有名難解的兵書，益以譯文的欠佳，更令難上加難。就是這一部綱要也要視讀者兵學的程度而了解其程度，爲盡窺克氏原著的全豹，還要打開全譯本置諸座右。

日本自維新以來，拚命模仿德國，尤以兵學上受德國的影響爲大，因之所受德國兵學上侵略思想、黷武主義的影響亦大，於此可見盲目的抄襲是要不得的。所以我們研究克氏的著作，就不要爲他侵略的思想所影響，應認淸我們還有我們的戰爭思想，我們的本位兵學。

讓我們拿起兵學的望遠鏡一眺吧！恐怕戰爭在千年內還未能絕滅，有戰爭就要提倡兵學，發展兵學，兵學是武力的基礎，武力是國家的長城，歷史上兵學衰落的國家唯有受侵略與被征服，反之，兵學發達的國家必能日臻强盛，這兩條路線，我們應走那一條呢？讓國人去選擇吧！

最後我且引 國父孫大元帥的話來做結束，他說：『當此之時，世界種族，能戰則存，不能戰則亡。』

李浴日

民國卅二年十一月廿二日序於桂林

三版序

本書三版了，在這個三版的當兒，我且再來說幾句話。

克氏戰爭論自問世之後，曾得了不少好的批評，史蒂芬元帥在該書第五版上撰序說該書具有『驚人的生命力』及『永久的價值』。大英百科全書評說：『本書是一切戰爭技術的基礎』。思想家恩格斯評說：『我最近讀過克勞塞維茲的戰爭論，深覺其具有獨特的哲學方法，就內容而說，也是一本很好的書。』史布爾將軍在其名著『兵術論』一書上說：『戰略之一定的根本法則，不論其為陸戰，海戰，空戰，以至三者的聯合作戰也好，它是超越時間，超越空間，恆久不變的。這根本的法則，是克勞塞維茲於百年前在其巨著戰爭論給予我們提示了。他根據腓特烈大王，拿破崙及解放戰爭，作高度研究的結果，建立這些法則，直到現在還被人奉為金科玉律，未有人能夠給它推翻的。時至今日，軍隊出乎人們意料之外的膨脹，以及技術的飛躍進步，然他著作裏所說的根本真理，并未因此動搖，就令將來也不致動搖。克氏學說的永久法則，雖然它的適用形態是會繼續變化着，但不論在任何戰爭的場合，人們必須依據他的法則去觀察，去研究才可。』

固然他們的批評是不錯，克氏的戰爭論是一部不朽的著作，但并不是說一個將校僅讀這一部著作便能夠解決一切問題的。為什麼呢？因為軍事上的知識和能力，不單是建築於理論之上，仍須建築於經驗之上，（克氏的著作也是如此），而且實際上單憑自己個人的經驗尙不够，仍須參考他人的經驗及過去各時代的經驗。所以我們將校除把這一部名著當爲必修的課程之外，還要研究其他兵書。

本書原名『克勞塞維慈戰爭論綱要』，値茲三版之時，爲求單簡起見，特改稱『大戰原理』，謹此聲明，幷望讀者指正！

李浴日

三十六年四月卅日序於首都

台版序

欲研究克勞塞維茲（1780－1831）的戰爭論，不可不懂得黑格爾（1770—1831）的哲學，因爲克氏受黑氏哲學的影響太大了。黑氏與克氏生於同一時代，其影響於克氏，正如老子影響於孫子一樣。這眞是東西兵學界一件最有趣味的事。

黑氏是十九世紀德國的大哲學家，他著有「心的現象學」，「歷史哲學」，「法律哲學」諸書，他是戰爭政治學的建立者，他歌頌戰爭說：「戰爭如氣流保持海洋之新鮮一樣——保持國民倫理的健康，防止有限的各種限制性的凝固。宛如時常靜止的海洋一樣——繼續安靜的民族，甚且說安於永久和平的民族，除墮落之外、實無他途。」而對和平批評說：「和平使市民生活更加擴大，生活之一切表現更見隆昌，但長久繼續下去，却是人類的墮落。」不過這倒沒有影響到克氏，而克氏在戰爭論上說：「戰爭是政治的繼續」，却是受黑氏所影響。黑氏說：「在歷史的現象中，是以戰爭防止國內的不安，加強國內的團結的形態而出現。」這是把戰爭當作政治的一種手段的。

黑氏是一個觀念論者，如「歷史哲學」一書，強調宇宙的本體是「絕對精神」，「理性統治着世界」，「根據思想並按照思想去構造現實」。這確給予克氏很大的影響。在克氏以前的兵學都是崇拜幾何兵學的戰略態勢，或囿於物質威力的比較，而克氏却能認識精神在戰爭上的重要性，并列精神要素爲五大要素之首位。他說：「精神的諸力足以影響軍事行動的全體，而且軍隊的運用，也是憑於指揮官的意志力而決定，卽軍隊與將帥、政府等的智能及其他精神上的各種特性，戰地的人心，戰勝戰敗的影響等都足

給予軍事行動的重大影響。」（見本書第三篇第二章）

黑氏在哲學上貢獻最大的還是他所建立的辯證法，克氏戰爭論的特點就是接受了黑氏這個哲學方法論，他的戰爭是一貫地用辯證法寫成。日本研究克氏戰爭論者亦說：「克勞塞維慈的戰爭論是以黑格爾的理論為根據而更發揚光大了…他的理論雖不完全，但一貫地用輝煌的辯證法寫成，這證明他所用方法的偉大。」

「正反合」是黑格爾的辯證法則，克氏則用以分析戰爭現象，闡明戰爭原理，建立他戰爭理論體系。首先我們在戰爭論的第一篇第一章裏就可以很明顯地看到。該章第二節說：「戰爭是交戰双方各為屈服敵方意志之無界限的努力。」于此又分為：「（1）暴力使用的無界限性……（2）打倒感情的無界限性……（3）「力」之發揮的無界限性……」都是從「正」（我）「反」（敵）双方來觀察，再發展為「合」——「打倒敵人」，或「壓倒敵抵抗力為止」（亦卽否定的否定）來說明戰爭的概念。

其次，克氏用辯證法來研究戰爭的防禦與攻擊，表現得更洽當和明智。

原來所謂防禦與攻擊是兩個對立的概念，但克氏却作統一的觀察，卽防禦亦伴有攻擊，如說：「守勢本身的目的，在維持現狀，於每一部份上，欲殲滅敵軍，則常要伴着攻擊的各種動作。」（第六篇第一章）攻擊亦伴有防禦：「戰略攻勢常伴着防禦，正如戰略守勢不是絕對的待敵和防止，當為擊滅敵人而伴着攻擊的動作，卽戰略攻勢是攻守兩種行動不斷的交替與結合。」跟着又指出戰略攻勢中的防禦是攻者所犯的弱點，卽矛盾說：「A.戰略攻勢的防禦足以拘束攻者的突進，此際的防禦不獨不足以強化攻擊，反會牽制攻者的行動，及消耗其時間，徒足增加防者的準備之利。B.戰略攻勢的防禦比一般防禦爲易敗的作戰形式。何故？因爲攻者不能享受戰鬥的準備，地形的熟識與利用等防禦上的利益，全陷於被動的地位。」（均見第七篇第二章）此外，如所謂軍事行動的休止與緊張，內線作戰與外綫作戰等也是作對立統一的觀察。至於在整個戰役上由守勢到攻勢，或由攻勢到守勢的轉換及其過程，這是從量到質的變化。

還有克氏在戰爭論上獨能打破形式邏輯，方式主義，武斷主義與機械論，這也是基於辯證法的觀點。他指出：「在各時代便有各時代獨特的戰爭理論。」亦卽說，戰爭理論是要跟着時代而變化，并不是一成不變的。「變」（變化與發展）是辯證法的最基本概念，而克氏在戰爭論上正充分表現了這個概念，讀者於披閱本書時，自可得到了解。

現在反攻大陸的呼聲是高唱入雲了，反攻大陸的準備亦加速邁進着。然而準備反攻，不徒是金錢武器的準備，還要作學術的準備。今日反共抗俄的戰爭是鬥力，同時也是鬥智，或者可以說鬥智尤重於鬥力。國父說：「革命軍之基礎在高深的學問」。所以沒有高深的學問和優秀的頭腦，不特不能打勝仗，還要打敗仗。那麼我們平日對於中外古今的兵學名著就不可忽視了。

本書原名「克勞塞維慈戰爭論綱要」，三版時曾改爲「大戰原理」，現爲求顯明計，仍用原名，特此聲明。

李浴日　四十年九月十五日序於台北

著者序

我讀戰爭論已開始於一九二一年十一月初，當時我正在病床中。

在病床中，曾將是書讀破，從事著述，費時兩年餘始完成。中間幾度爲病魔所擾，只得俟其復元，方利用軍務餘暇寫成，自知內容仍未健全，應加檢討之處亦多。

但以時局的嚴重，有感於將戰爭的一般理論介紹於世人的必要，所以只得匆促地付梓了。

本書的內容，係將克氏戰爭論作簡明的介紹，毫無憑著者的臆斷來修正補充，惟鑑於近代戰爭的實情，自然省略其應廢棄的部份，或在重要部份，用『附說』加以說明。

本書的研究，以馬込健之助譯的『戰爭論』，日本士官學校譯的『大戰學理』爲主，幷參照俄譯『戰爭論』，至於文章不拘於原文，只求簡明洽當，表達原意而已。

本書的著述，承石原莞爾將軍的介紹與指導，付梓時，又得作序，特此誌謝。

田成賴武　一九四〇年二月

克勞塞維慈

戰爭論綱要

李浴日譯

目次

總論

一　克氏小傳

戰爭論是普國克勞塞維慈將軍的著作。克氏生於一七八〇年馬格德堡的近郊，十二歲卽入軍隊服務，一七九三年至一七九四年參加萊茵河畔的戰役。

一八〇一年至一八〇三年在柏林陸軍大學讀書時，深得聞名當時的沙綸和斯特將軍的栽培。

一八〇六年耶納之役，充當擲彈兵營長奧斯達親王的副官，因負傷被俘，拘留於法蘭西。

一八〇七年十一月歸國，充當沙綸和斯特將軍的幕僚，致力於普魯士軍制的改革，因而奠定普魯士復興之基。

一八一二年戰爭，服務於俄軍的參謀部。一八一三年充當布留歇將軍的幕僚，對拿破崙作戰，煞費苦心。

一八一五年戰爭，充當第三軍團參謀長，與格奈塞瑙共建殊勳。

克氏着手於戰爭論的著述，已開始於一八一〇年，係以進講普王太子所用的教材爲底稿，孜孜地著述。

一八一八年被任爲柏林軍官學校（Die allgemeine Kriegsschule）校長，這時他潛在拿破崙戰爭中所得的寶貴經驗，更努力於近代戰史的研究，直至一八三〇年在北勒斯勞充當砲兵總監時，才完成戰爭論的體系。實則，他埋頭於這部兵書的著作，達十二年的長期間。

一八三一年染虎烈拉，逝世於北勒斯勞，時五十一歲。此時戰爭論尚未完成，旋經他夫人瑪麗女士的整理，翌年才把他這部戰爭論的遺稿刊行於世。

二　影響戰爭論的兩個因素

克勞塞維慈誕生於一七八〇年，正當普國稀世的英主腓特烈大王的晚年（大王歿於一七八七年），卽普國的威權達於絕頂的時代，彼在整個的年青時代，非常景仰大王所建設大普魯士的偉業，於此可知彼對於大王的傑作——兩次亞勒西亞戰爭及七年戰爭之史的埋頭研究了。

大王卽位時代的普魯士，僅德意志帝國內的一邦而已。大王之父腓特烈威廉一世，愛好當時繁華的法蘭西的風尙，幷謀整軍經武，富國强兵，以此傳之大王。但是普魯士的鄰邦是俄羅斯、奧大利、法蘭西、瑞典、英吉利等强國，他們都是極力壓制普魯士的復興的。所以大王對於戰爭，老早從巧妙的外交政略上決定這些國家的向背，然後揮戈使用當時的橫隊戰術，給養裝備，自然這種戰爭缺乏一舉殲滅敵軍的機動性，而陷於長期的狀態。在這個期間，爲導致戰爭的媾和，自然每要作外交上的周旋。

影響戰爭論的第一個因素，就是這個戰爭所發生政治價值的重要性。

克氏立志從軍，始於一七九一年法國革命爆發之時。

由於孟德斯鳩、盧梭等的倡導鼓吹自由思想，便成為推翻君權的先聲，促成巴黎革命的流血。而極保守的普魯士尚未受到這種革命思潮的影響，且在社會運動之前，與奧大利互相提携，對法國的革命宣戰。

但在國民的意識與士氣兩皆旺盛的法軍，由於卡爾諾的使用散兵戰術，便將奧普的聯軍擊破，這個時候，康德在普軍的本部大聲疾呼道：『今日從此開始世界史嶄新的一章了。』

由於康德的大聲疾呼，遂把普軍喚醒了，同時，有青年司令官拿破崙，創建了新戰鬥方式，以疾風掃葉之勢，席捲意大利，連破奧軍，迫其媾和。因此遂促成自腓特烈大王以來以武功聞名於世的普軍，開始積極的改革。

一八〇六年的鐵鞭終加於過信形式和以自負為榮的普軍了，這就是耶納、亞爾斯特的會戰。克氏在普國大敗記事上的卷頭有如下的記述：

『公平的人士對於一八〇六年以前及同年之普國的觀察，均作如次判斷：「普國是滅亡於其形式的。」因為過度信賴這種形式，又雜以自負，便不覺地使精神為形式所蟬脫，正如只聞器械戛戛之音，而不問其有否適用的人。』又說：

『一七九二年的普國軍隊已不同腓特烈大王時代的軍隊了，將帥及其他的指揮官，已白髮斑斑，變為懦弱老朽，實戰的經驗亦已付諸東流，腓特烈二世的精神，不復全般磅礴，幷因軍用材料的預算與舊時同額，而各種物價却逐漸升騰，亦弄得不完全，不堪使用。柏林的武庫雖是謹愼地儲藏着砲兵材料，猶有一鈕一釘的不備，且所存的鈕釘亦不適於實用。只有士兵所用的白刃，雖保持其光潤，鎗身(鉄部)頻用通條擦磨，鎗床(木部)每年塗漆，手槍亦然，其實這時普軍已變爲歐洲最劣等的軍隊了。』

但是普魯士對拿破崙的復仇精神，此時已達於頂點，斯泰恩的內政改革與沙綸和斯特的軍制改革相繼着手，廢除舊式訓練的傭兵軍隊，誕生了採用新式散兵戰術訓練成功的新國民軍隊，克氏此時充當夏倫和斯特的幕僚，致力於軍制改革，此後始終傾注其半生精力於對法作戰上。

戰爭論實是這個結晶的作品。

但彼在對法作戰期間，認識了戰爭唯一的手段是戰鬥，戰鬥須憑會戰的方式，一舉而殲滅敵人。

克氏的第二個思想，即關於武力價値之絕對性的確信，也是成熟於此時。由上而觀，他幸運地遭逢着兩種本質不同的戰爭，又以哲學的銳利頭腦給予系統的解剖。

三　戰爭論的內容

戰爭論分爲如下八篇：

第一篇　戰爭的本質

本章係克氏披露其對於戰爭本質的見解，故本篇爲戰爭論的主眼，幷表明他對於哲學的研究態度。

第二篇　戰爭的理論

本篇係闡明戰爭理論的研究方法，若從另一方面觀察，可以說他是系統地表明對於戰爭論的研究態度。

第三篇　戰　略

第四篇　戰　鬥

第五篇　戰鬥力

以上三篇係就戰略的各種要素加以研究，而各種要素的意義作用等，係從戰爭本質的見解上加以研究。

第六篇　守　勢

第七篇　攻　勢

以上二篇係說明戰爭的根本兩種形態——守勢及攻勢的本質，又就戰略上各種要素的作用影響等而論述。

第八篇　戰爭計劃

本篇係對於戰爭整個的構成之研究。

總之，第一、第二篇說明戰爭的本質，第三、第四、第五篇說明構成戰爭關於戰略上的各種要素。第六、第七篇說明戰略上各種要素之行使形態。克氏最後總括上面，而論及戰爭遂行的具體方策，并以對法作戰計劃而結束全書。

四　戰爭論的價值

克氏說：『在各時代便有各時代獨特的戰爭理論。』

本書作於十九世紀之初，但因戰爭技術的日新月異，自然其中某部分不無失却生命之處。

但是，德國兵學從毛奇發展到魯登道夫的總力戰理論，法國兵學完成於福煦，蘇聯兵學經列寧、史丹林而創造獨自的階級鬥爭理論。雖說這些兵學都是時代的、社會的產物，却不能不說係以克氏的戰爭理論為母胎而產生的。

我們非從克氏的戰爭理論中，把握其不朽的戰爭原則，使其發生偉大的效用於未來的時代不可。今日我們陶醉於新理論之餘，倘若把兵學泉源的克氏當為陳腐的東西而拋棄之，那就荒謬不過了。

克氏戰爭理論的不朽價值，可以歸結為如下三項：

（1）科學的研究態度

關於戰爭的著述，已肇始於希臘的古代，但把戰爭作科學的研究，實以克氏為嚆矢。

彼說：『本書的科學性在努力探究軍事現象的本質，而指示構成此等現象之各種事物的性質，及與此等現象相連繫之點。』

克氏於此不惜費十二年的光陰，思索又思索，探究又探究，且以戰史爲對照，眞是煞費苦心！

這不能不說是在東方兵學代表作之孫吳兵書上所看不到的一特質。

(2)精神要素的强調

克氏認識了戰爭上的精神要素，並强調戰爭不單靠物質的力量，與以幾何學的方式而決定勝敗，不待說，這是他在拿破崙戰爭中所得的寶貴經驗，又是精研戰史的賜物。克氏在那徒是崇拜幾何學的戰略態勢，或囿於物質威力的比較之當時歐洲兵學界中，算是獨自發揮其卓越的見解了。

克氏的研究，是體驗的，哲學的，以之對比我東方兵學上之直覺的、飛躍的精神要素，實給予我們一個重大的教訓。

(3)關於戰爭之二重性的觀察

克氏在戰爭論上對於基本思潮的戰爭二重性之觀察，可以當作他戰爭論的主眼。所謂戰爭的二重性，可從下述兩方面來觀察它戰爭的性質：

第一種戰爭，不問它是否發生於政治的意圖之下來進行，或僅爲奪去敵人的抵抗力而使其應允我任意所提出的媾和條件的意圖之下來進行，總是以打倒敵人爲其當面的目的。

第二種戰爭，僅以在敵國境的附近作若干侵略爲目的，惟此際這種侵略，亦不問是爲佔領侵略地而進行，或是爲在媾和之際保障其侵略地而進行。

固然在這兩者之間的種類亦很多，然在此時，此兩種戰爭的努力，常是維持全然相異的性質，到底不能相調和的。第一種戰爭遂行的代表者是拿破崙，第二種戰爭遂行的代表者是腓特烈大王。至關於戰爭本質的見解，係視乎將帥和政治家在戰爭遂行上所抱着眞確的信念而定。

五　克氏時代以來戰爭性質的變化

克氏時代以降，在歐西相繼發生普奧、普法、俄土等戰爭，因而促進軍事的進化，尤以一九一四——一八年的歐洲大戰，因其參戰兵力的龐大，及各種科學兵器的進步與發明，使戰爭的性質起了一大變化。

（1）總力戰的傾向

歐洲大戰的結果，最顯著的傾向，就是總力戰。　高島大佐在他所著『皇戰』一書對於總力戰有如下的定義：『總力戰是對原來的武力戰而言，它係以武力、政治、經濟、思想等之有機的綜合力而戰爭。』

固然，古來的戰爭，并沒有和政治、經濟、思想等分離。克氏說過：『戰爭係用別種手段進行的政治繼續。』拿破崙也說過：『政治是我們的命運。』但政略手段先於戰略手段而決定戰爭勝敗的歸趨，亦不乏戰例。

就經濟方面而看：如七年戰爭，係以國庫準備金的有無，來左右戰爭的勝敗。拿破崙亦發表過：『戰爭第一是金錢，第二是金錢，第三還是金錢』的名言。

關於思想戰爭，可舉十字軍、三十年戰爭等爲實例吧。

但在這些戰爭上的政治、經濟、思想的影響力，并沒有像在現代戰爭的直接深刻反映於國民的實際生活上。它僅是政府的戰爭，或國家官吏的事業。且那些力量在戰爭目的遂行上，老不注意於綜合的發揮。

高島大佐把總力戰的內容，分類爲『武戰，政戰，經戰，心戰，學戰。』誠然，在總力戰上，我們非認識政治、經濟、思想的力量成爲戰爭遂行上的重要戰力不可。

還應注意的，所謂備戰的經常化。這是說在戰時要能最迅速而綜合地發揮國家的總力，因此，在平時就有把國家的態勢轉移爲這種狀態的必要。至於武力以外的戰力如政治、經濟、思想等，也要在平時建立了有利於我戰時的基礎。這是近來一般的趨勢，各國總是盡其最大的努力來完成國防國家的建設的。

(2)武力戰本質的變化

(A)戰場的立體化、全面化

溯自上次歐洲大戰以來，因爲飛機的發達，便造成戰場的立體化、全面化。在陸戰上，海戰上如果缺乏空軍力量的參加，便無法制勝。

又用空軍可以一舉摧毀敵國政治軍事經濟的中樞，且有一部份空軍萬能論者，論斷在將來戰爭上，用空軍可以在轉瞬間決定戰爭的勝敗。

可是，今日空軍武力的價值，尚未發展到這個程度，只造成了到開戰之時變後方爲前方的狀態，於是便由軍事戰爭，一變爲『全民參戰』了。

(B)陣地縱深的增大與戰鬥的堅韌性

陣地縱深的增大(竟至配置數線於縱深數千公里的陣地上)，是由於火力裝備、化學裝備的充實，而使戰鬥愈加堅韌劇烈，導致戰爭的長期持久。在未能以一擊而結束戰爭之上次歐洲大戰，其阻止德軍數度的攻勢，導致綿亘數年的長期戰爭的原因，即爲法軍以凡爾登、巴黎爲樞軸之堅韌抵抗的賜物。

在這次大戰後，各國爲使戰爭在短期間結束，便有機器化部隊的創設。蘇軍曾提倡以此一舉而突破陣地之全縱深的新戰術。

(C)參戰兵力的龐大與戰線的延長

參戰兵力的龐大，也可以看做近代戰的一特色，戰線的無限擴大，正如上次歐洲大戰，包圍延翼競爭達於極點時，便形成北由北海，南至阿爾卑斯山的大戰線。因此，福根漢對凡爾登戰區所主張的消耗戰略，與興登堡的突破包圍戰略等，便相繼應運而起。

(3)政治戰本質的變化

在克氏時代的政治內容，係以外交戰略爲主體，憑於巧妙的利用，便可以在折衝樽俎之間，支配戰爭的命運。但在近代的政治內容，正如高島大佐所說，不僅是外交戰略已擴展至政治、經濟、通商、貿易、思想、宣傳等社會生活的全面。尤其是政治與武力，不是各個獨立的存在，而是密切的，有機的關聯而活動着。

(A)國際關係的汎世界化、密切化

克氏時代的國際關係僅限於歐洲的小天地，反之由於現今交通、通訊機關的發達，使世界的距離爲之縮短。在國際間投下一石，其波紋立刻蕩漾於全世界。

不獨這樣，國家間的利害衝突，不僅限於國境，且於政治權利、通商貿易、思想宣傳等方面亦互相交錯着，甚至每一方面往往帶着有數國的共同利害關係。於此倘若某一國對某一國開戰，就會突然造成全世界的風雲，不許你局外旁觀的。

(B)戰爭的大企劃化、組織化

戰爭遂行的形式之成爲大企劃化(依照企圖的計劃)，也是現代戰爭中的一大特色，尤其戰爭入於長期的狀態，這種色彩更爲濃厚，即人與物的資源動員，軍需資材的充實補給，及後方國民生活的安定保障等，都要置於財政、金融、生產、消費、通商、貿易等經濟的統制管理之下。

(C)思想宣傳組織網的擴充

最後說到思想宣傳組織網的擴充，就中以哲學爲背景的學術戰，成爲最强力的武器，可以操縱着敵國的人心。

以上係就戰爭性質的主要變化而述，但下舉克氏各篇戰爭理論的原則部份，却依然不變，尤其熟讀玩味，益覺帶着多少慫恿我們創造新理論的成分。我們從他嘔盡十二年心血的結晶中，領略其崇高遠大的思想，使我們在這個新時代中，非致力於新戰爭理論的建設不可。

第一篇　戰爭的本質

戰爭的本質

- 何謂戰爭
  - 概念的戰爭
  - 戰爭的現實性
  - 戰爭與政治
- 戰爭的目的及手段
  - 戰爭的目的
  - 戰爭的手段
  - 戰爭的兩種形態
- 戰爭的摩擦
  - 戰爭的危險性
  - 戰爭的令人肉體勞苦
  - 戰爭的情報之不確實性
  - 戰爭的障礙
- 軍事上的天才

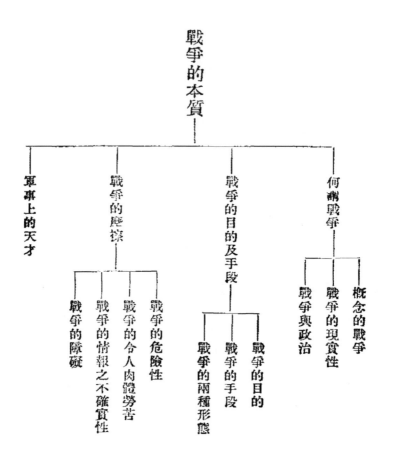

第一章　何謂戰爭

一　戰爭的概念

(1)戰爭的基本要素乃兩人以上的鬥爭，即決鬥之謂。所謂戰爭畢竟不外是決鬥的擴大。我們可以說：戰爭是集合無數之各個決鬥，而成爲一個統一之全體的東西。

(2)所以戰爭是爲屈服敵人而實現自己意志所用的暴力行爲。此種暴力爲對抗敵人的暴力，就要利用各種技術上、科學上的發明以爲武裝。

二　戰爭概念的無界限性

故戰爭是交戰雙方各爲屈服敵方意志之無界限的努力。

(1)暴力使用的無界限性

戰爭是否定那種以爲不必流血只要巧妙制敵便可屈服敵人的博愛主義。畢竟戰爭是暴力行爲，於使用時，幷無限度，必達於極點。此一國對他國使用暴力，他國亦不得不用暴力來抵抗之，由此所發生的互相作用，在概念上是無從窺知其極限的。

(2)打倒感情的無界限性

戰爭的直接目的在剝奪敵之抵抗力，故交戰雙方各爲打倒其敵方，在我未打倒敵人之前，而敵人自必先要打倒我，這樣，互相打倒的感情愈加興奮，作無界限的伸張。

(3)力之發揮的無界限性

欲打倒敵人，先要測知敵人的抵抗力，依此決定來發揮自己力量的程度。從敵現用的各種戰鬥手段，可以測定其數量(物質力)，但對於敵之意志的強弱(精神力)則不易測定，故我要努力使我力量增大到可以壓倒敵抵抗力為止。

三　緩和戰爭的無界限性的現實諸因素

人類的悟性倘若停留於抽象的境界，則上述關於戰爭之無界限性的觀察，實有其真理。但現實上，於下舉各條件却成為緩和戰爭之無界限性的要因：

(1)戰爭不是完全的孤立行為，且與過去的國家生活有密切的關聯

縱然認為戰爭全屬孤立的行為，其發生又與過去的國家生活無關，于此亦可以明白暴力之無界限行使的意義。然在戰爭中，以彼我兩國間常繼續着政治的交涉及敵國意志的試探，故保留着政治上妥協的餘地。

(2)戰爭不是完成於一次的決戰或同時併行的數個決戰

戰鬥力的要素——土地與人口，以其不能同時行使，及同盟國的參戰亦由其自由意志而定，所以集中全力發揮於一次的決戰很困難，尤以人性的一面有保存其戰鬥力到最後使用的傾向，故常阻礙力量作無界限的發揮。

(3)要顧慮到戰爭結局後之政治上的種種

在戰爭上將敵軍完全擊滅不算戰爭的終了，故須考慮到戰爭結局後之政治上的種種，即要使其將來不能利用政治上的變化，以圖挽回旣倒狂瀾。

四 現實生活足以排除概念的無界限性與抽象性而依照蓋然性的推測

倘若敵對的雙方已非純粹屬於概念，而爲具體的各個國家與政府時，則戰爭不屬於觀念的行爲，已成爲特異的實際行爲。即戰爭當事者的各方須互相根據着敵方之性格，設備、狀態諸關係等，及蓋然性的推測，以察知對手所採取的行動，而決定自己對付的方法。又，戰爭亦具有一種偶然性的要素，此種性質極近於賭博的性質。

五 關於戰爭行爲的繼續問題

就戰爭的純粹概念而說，則戰爭成爲暴力的無界限行爲。所以彼我雙方的政治要求，不管怎樣微小，所用的手段，不管怎樣卑下，但戰爭行爲一陷於中止時，就會違背其(戰爭)本質。因此，所以：

(1)一方要等待有利的時機，他方亦將努力使其沒有等待時機的餘裕。

(2)雙方的力量完全平衡時，挑戰者必抱有積極的目的。

(3)一方抱有積極的目的，但于此所用的力量未臻較强的程度時，而發生一種平衡的狀態，倘若此種狀態暫無變化，則雙方必將媾和無疑。如有變化的可能性，則怕陷於不利地位者，非進而求戰不可。

于此，戰爭行爲便帶有繼續性，而媾起兩方的互相努力。但現實的軍事行動帶有這種繼續性者，實屬罕覯。這是什麼緣故呢？

(1)因守勢比攻勢爲有利的戰爭形式

目下的狀況於我有利，但因力量不足，未能拋棄守勢的利益而轉移攻勢時，則非等待將來的機會不可。何故呢？蓋將來以守勢爲立場而求戰者，實較現今立即採取攻勢，或媾和爲優。于是戰爭便入於休止的狀態。

(2)因未能全知敵情

一般所謂敵情認識的不完全，乃成爲抑止軍事行動、緩和其進行的因素，至於戰爭行爲中止的可能性亦爲緩和軍事行動的一新要素。蓋軍事運動的中止(卽休戰期間則能)，便能藉此戰爭延長的整個期間，弛緩其緊張性，阻止其危險的進展，及恢復其曾被破壞的均衡力量。

這樣，戰爭愈遠離概念，至將一切打算完全成立於蓋然性的推測之上。

依於上述，當力之無界限的發揮被緩和，及蓋然性的法則支配戰爭時，政治目的，便再現其英姿，而此目的對軍事行動的支配力愈大，則軍事行動愈弛緩。

六　戰爭與政治的關係

(1)人類社會的戰爭，卽全國國民間的戰爭，是胚胎於政治上的狀態及依於政治的動機而爆發。故戰爭是一種政治行爲，又是國家意志遂行的一種政治手段，即戰爭不外是用其他手段而爲政治（政治的對外關係）的繼續。

（2）戰爭的動機大而强烈，則影響於國民的整個生存的程度愈顯著。戰爭在未發動之先愈緊張達於極點，則愈接近於觀念的形態。其結果，所謂將敵打倒者，愈成爲中心目標。戰爭的目標與政治的目的愈合而爲一，則戰爭愈近似眞正的戰爭，而不近似政治。反之，戰爭的動機與緊張性微弱時，則暴力必遵從政治所指定的方向而行動，戰爭愈與政治相近似。

前者是第一種戰爭，後者是第二種戰爭，所以戰爭係依其所惹起的動機及緊張的性質而形成各種的類別。

依於上述可以明白克勞塞維慈對於戰爭的本質，是從這三方面來觀察的：即其一是戰爭的本來激烈性——憎恨心及敵愾心。其二是戰爭的蓋然性與偶然性。其三是戰爭與政治的關聯。

（第一章的總括）

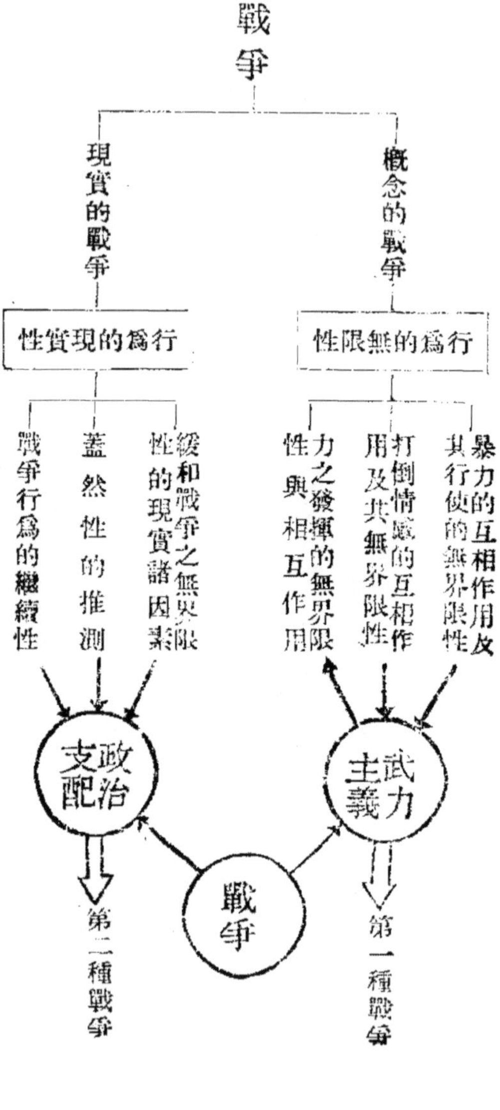
戰爭
現實的戰爭
概念的戰爭
行爲的現實性
行爲的無限性
緩和戰爭之無界限性的現實諸因素
蓋然性的推測
戰爭行爲的繼續性
暴力的互相作用及其行使的無界限性
打倒情敵的互相作用及其無界限性
力之發揮的無界限性與相互作用
政治支配
武力主義
戰爭
第二種戰爭
第一種戰爭

附說一　戰爭之質的觀察

克勞塞維慈係從現實與理念的兩面來觀察戰爭，幷區別戰爭爲概念的戰爭與現實的戰爭兩種，但在今日若從質的方面來觀察戰爭，則政治的價值與武力的價值便成爲決定其性質的主要原因。「戰爭是使用武力而遂行國策的行爲」（石原莞爾將軍戰爭論的定義），所以國家爲達到政治目的而使用武力時，便發生戰爭的行爲。

於此，政治價值比武力價值大時，則戰爭將在政治上求解決，而武力的活動範圍便變爲狹小，且有時武力僅作爲政治行爲背後的威力而存在着（第二種戰爭——現實的戰爭）。

反之，不依賴於政治，即政治價值小，而武力價值大，且專用武力來解決戰爭的，則戰爭帶着決鬥的性質，接近於概念的性質（第一種戰爭——絕對的戰爭。）

其關係用圖表示如左：

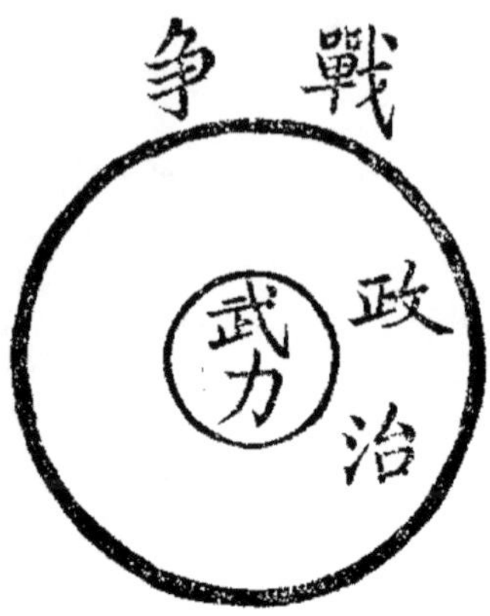

（註）

（1）武力的活動範圍增大時，則政治的活動領域縮小。政治的活動範圍增大時，則武力行爲自然減少其必要性。

（2）於此所謂政治活動，主要的指外交的活動，但亦包含其他政治事象如思想、宣傳、財政、經濟等。

至於武力價値與政治價値係依其時代的政治、經濟的各種形態、國際關係、軍事的進步等而變化，在各時代便產生各時代的獨特不同的戰爭。

在近代戰爭上的武力價値（尤以飛機的發達與政治價値（國際關係的複雜性）均比過去的戰役特別增大，且其活動範圍亦特別增大，結果，便產生了國家總力戰的新理論形態。

但戰爭的本質關係，可以說依然不變，於相對的比率上，當一國的武力足以壓倒他國時，便會實行殲滅戰爭（例如此次歐戰德國的侵入波蘭）。

第二章　戰爭的目的及手段

一　戰爭的目的

前章係說戰爭種類的多樣性，當然戰爭的目的亦隨之多樣，茲分述如下：

(1)概念戰爭的目的

從概念上研究戰爭的目的，則戰爭唯一的目的，可以歸結爲打倒敵人，即敵抵抗力的剝奪。

爲要打倒敵人，必須毀滅敵之戰鬥力並佔領其國土，此兩種目的已達到，但敵的意志仍未屈服，換言之，尚未能迫使敵政府和他的同盟國與我簽訂和約，或未能使敵國民降服時，則不能視爲戰爭的終結。

所以直到和約的締成，纔可以當做戰爭目的的達到，或戰爭的終結。

(2)現實戰爭的目的

現實戰爭的目的係憑武力强制敵人來締結政治的和約。概念戰爭的目的，即所謂敵抵抗力的剝奪，但這在現實的世界裏決非通常的存在，或未必成爲媾和的必須條件。

在現實的戰爭上成爲媾和的動機有二：

(A)對於戰爭勝敗的推測

(B)對於力之消耗的考慮

戰爭係視政治目的價值如何，而算定因此所要犧牲的大小（就戰爭的範圍及繼續時間而言），但力之消耗與政治目的的價值，陷於特別不平衡時，即足使戰爭中止，媾和締約。

即在現實戰爭上，一方不能完全剝奪他方的抵抗力時，則彼我雙方俱從事於勝敗，及其所必要消耗之力的推測，因而造成媾和締約的動機，然作為此媾和動機的方法如何呢？

(A)作為媾和動機的方法(勝敗的推測)：

(a)敵戰鬥力的破壞及其省縣的佔領　此方法以打倒敵人為目的時，其性質全然不同，即所謂戰鬥力的破壞，僅以使敵失掉勝利的信念，而領略對手的優勢為滿足。其次敵人不願從事於流血的決戰，甚至全不願以兵戎相見，則佔領其防禦力薄弱或全無防禦力量的省縣，亦為相當有利的事。

(b)其他方法　即用政治的權謀術數，如離間敵的同盟國，或使其不能傾注全力於戰爭，或自己取得新同盟國，由此，而使敵對於戰爭勝敗的推測，發生不利的自覺。

(B)作為媾和動機的方法（力量的消耗）：

(a)以增大敵之力量的消耗為目的，而破壞敵之戰鬥力，及佔領其國土。

(b)直接增大敵力之消耗的三種特別方法：(A)侵入——此為佔領敵之省縣，

但不以長保於自己手中爲意圖，乃以在其地域實行徵發，或使其荒蕪爲目的。(B)吾人的努力，專集中於足以增大敵方損害的事物（註：例如第一次歐戰軍的攻擊凡爾登）。(C)使敵疲勞，即依連續的對敵行爲，使敵的物質力及德意志，逐漸涸竭崩壞。

（總括）

戰爭目的
- 純概念的戰爭目的（打倒敵人）
  - 敵戰鬥力的毀滅
  - 敵國土的佔領
  - 敵意志的屈服
  - （以强制媾和當作戰爭的終局）
    - 殲滅戰爭
- 現實的戰爭目的（因政治目的之多樣而有各樣的戰爭）
  - 促成對戰爭勝敗的推測
    - 敵戰鬥力的破壞
    - 省縣的佔領
    - 政治的權謀術數
  - 對力之消耗應加以考慮
    - 敵戰鬥力的破壞
    - 國土的佔領
    - 國土的侵入
    - 增加敵的消耗
    - 敵的疲勞
  - 消耗戰爭

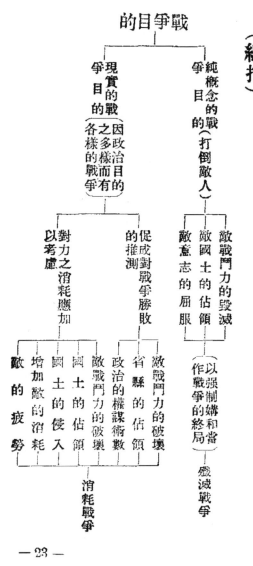

由上而觀，爲達成現實戰爭的目的，其方法有數種：如敵戰鬥力的破壞，敵地的掠奪，單純的佔領，單純的侵入，政治的權謀術數，及使敵疲勞等。這都是因時制宜，强迫敵人媾和的方法。即由於戰爭的誘因——政治目的之多種多樣，而使戰爭方法亦採取各種各樣的形式。

二　戰爭的手段

戰爭唯一的手段是爭鬥(Kampf)。

(1)戰爭的單位

戰鬥不同個人的爭鬥，係由複雜的各部份構成一個全體。我們對此全體可區別爲兩個單位：

(A)主觀的單位　以軍隊所構成的各部份作爲一個戰鬥單位。

(B)客觀的單位　以爭鬥的目的及其對象物(objejt)，作爲戰鬥的單位。

(2)戰鬥的目的

戰鬥一般的目的是毀滅敵戰鬥力。但在採取其他目標的場合，則毀滅敵戰鬥力亦非爲絕對必要之事，例如敵之土地被佔領，敵之兵力的消耗等是。

又，戰鬥是戰爭的一肢節，以擊破敵之戰鬥力爲最終的目的。但在上述場合，擊破敵戰鬥力未必爲直接的目的，但亦有當爲間接的目的。這樣，我們便可認識戰爭唯一的手段是戰鬥，然因其使用形式及戰鬥目的多樣，遂使戰鬥的種類亦隨之多樣。

三　戰鬥的兩種形態

(1)敵戰鬥力的毀滅(戰爭的積極目的)

正如上述，戰鬥目的是多樣的，但敵戰鬥力的毀滅却成爲軍事行動的基礎。何故呢？假如事實上不能實行戰鬥時，或在敵放棄企圖時，其根本亦常須豫測此種毀滅的必然性。故所謂敵戰鬥力的毀滅，比其他手段，均爲最高且最有效的手段。就另一方面說，這種手段却常招來很大的犧牲與危險。所以將帥們雖明知採取這種手段所獲效果的鉅大，但每每又成爲避免決戰而選擇其他手段的理由。

於此有一個必要的條件，即我們如爲避免決戰而選用其他手段，必須確知敵人亦同抱有此種意圖爲前提。假定在敵企圖大決戰的場合，則我必將立於不利的地位。蓋我已把自己的企圖及各種手段的一部份指向於其他方向，而敵人自緒戰初期便得集中力量於決戰方面。七年戰爭中的腓特烈大王與道恩元帥的戰鬥，其間的事實，便可證明。

(註)在七年戰爭中的腓特烈大王以寡少的兵力，强迫奧將道恩(Dauns)元帥決戰，而收獲赫赫的戰果。反之，道恩擁有比大王優勢的兵力，但因迴避決戰，反爲所敗。

(2)我戰鬥力的保存(戰鬥的消極目的)

當我欲毀滅敵戰鬥力時，則我的企圖是積極的，以打倒敵人爲目標。當我欲保存自

己的戰鬥力時，則我的企圖是消極的，僅以使敵放棄其企圖爲目標，此種純然抵抗的戰鬥目的全在延長戰鬥行爲的繼續時間，使敵陷於疲憊。但所謂消極目的，決不是絕對被動的意思，乃爲期待將來的決戰，其根本與積極目的相同，俱以毀滅敵之戰鬥力爲企圖。

（總括）

以上所說戰鬥的兩種形態，便是攻守兩種形式的區分之所在。

戰鬥
- 爭鬥的概念
  - 爭鬥是戰爭的唯一手段
  - 爭鬥不同個人的爭鬥，係由複雜的各部份構成一個全體
- 戰鬥的單位——戰鬥分有主觀的、客觀的兩種單位
- 戰鬥的目的
  - 一般的目的——敵戰鬥力的毀滅
  - 其　他——採取特種目標的場合
- 戰鬥的兩種形態
  - 積極的意圖——敵戰鬥力的毀滅——攻擊
  - 消極的意圖——自己戰鬥力的保存——防禦

第三章　戰爭的摩擦

戰爭的摩擦是實戰的特質，這種性質便是實戰與桌上戰爭（紙上談兵）的重大歧分。戰爭的一切原理很簡單，正因很簡單，也便是困難之所在。這就是由於戰爭伴着各種的摩擦（或譯障礙）。

戰爭所發生的摩擦有如下幾種：

一、戰爭的危險性

二、戰爭的令人肉體勞苦

三、戰爭所得情報的不確實性　在戰時所獲得的情報以虛僞的爲多，尤因人類恐怖的心理足以助長之。所以關於危險的情報，往往不屬於虛僞的，便屬於誇大的，這均足以擾亂指揮官的判斷的。

四、戰爭的障礙　在戰爭中常有偶然事情的發生，如部隊行動的困難、不測的天候、氣象的影響等障礙，都足以阻滯軍事行動的。

而克服這種摩擦的手段，就是使軍隊習慣於戰爭，習慣可以使身體忍受大勞苦，可以使精神抵擋大危險，可以使判斷不爲目前的印象所眩惑。

第四章 軍事上的天才

所謂軍事上的天才，即在智、情、意各方面，賦有足以克服戰爭上各種摩擦之異常素質的人物。茲就這些性格作如下的研究：

一 智力與感情的協同活動

（1）克服戰爭的危險要有勇氣

戰爭是危險的事體，故軍人第一必要的性質是勇氣。

勇氣分為個人的勇氣與對於責任的勇氣。個人的勇氣，可作如左的分類，所謂眞勇者必具備有此兩種性格：

個人的勇氣
- 對於危險的不介意（先天的）
  - 由於稟賦或輕生
  - 成於觀念習慣
- 在於積極的動機（感情的）
  - 名譽心、愛國心
  - 其他各種感奮

（2）克服戰爭的勞苦要能忍耐

戰爭足以令人肉體發生高度的辛勞與困苦，故非具有足以克服此種勞苦的體力與忍耐力不可。

(3)克服戰爭的偶然性，不確實性所需的諸性格——局面眼，決斷心，沉着。

(A)所謂局面眼(亦稱慧眼或機眼)，即縱在如何黑暗之中，常能保持一道光明，燭知真相的智力。

(B)所謂決斷心，即仗此一道光明，而向前邁進的勇氣。

(C)所謂沉着，即遇意外的事件而能善為處置的能力。

(4)克服戰爭上各種障礙所需的意志

造成戰爭的氛圍，如危險、人體的勞苦、不確實性、偶然性等。故在此等摩擦中，求能出以確實而有效的行動，必要有强烈的意志力。而此意志力，未必生於對個人的危險，乃起於指揮官對於戰鬥勝敗的責任心。

(A)精力　表現於行為動機的强度，其本源是名譽心。

(B)剛毅　在各種衝突上表現意志抵抗的堅强。

(C)忍耐　在繼續時間上表現意志的支持力，其根源是智力。

(D)感情上的堅固性　縱當如何强烈的興奮刺激之際，常能依理智而行動的能力。

(E)性格上的堅固性　所謂性格堅固乃指牢守自己的信念而言。所謂性格堅固的人物，即最能繼續保持其信念的人物。感情的平衡影響於性格的堅固極大，一般感情堅固的人物，其性格亦强固。但關聯於此性格上的堅固。却有一種變相的頑固，所謂頑固是拒絕他人較高的意見而絕不予採納的態度，主要的由於感情上的過失。

二　智力的活動（地形觀）

欲知戰爭與土地關係的密切，主要的有待於智力的活動。

（A）戰爭與土地的關係是不斷地存在着，即凡軍隊的軍事行動莫不有一定的空間。

（B）戰爭與土地的關係足以變更諸力的效果，甚至有使其整個變化的作用。

（C）戰爭一面要受某一地方的很小地形所影響，他方面又與大空間有極大的關係。

但欲把握着此等關係，實非易事，何以呢？因爲指揮軍隊活動的空間極廣大，縱是苦心搜索，未必週到，又欲正確地知道它變更無常的情況，亦很困難。

欲克服這種困難，必須有特殊的精神能力，吾人把它叫做「地形眼」（Ortgiun 或譯地形感覺），所謂地形眼係指所到每一地方能迅速正確地作幾何學上的想像，使整個地形常能湧現於腦際。很顯明的，這是想像力的一種。

這種才能的使用，在階級上，愈是高級的將帥愈屬必要。

要之，軍事上的天才，即懸於智力、感情、勇氣及其他各種心力的合一以從事軍事活動的卓越軍事指導者，世人慣將單純而勇敢的軍人稱為軍事上的天才，這是不對的。殊不知智力比勇氣尤為重要。雖是下級指揮官，苟欲成為一個優秀的指揮官亦必須具有優秀的智力，其階級愈高，則所需要的智力亦愈大。

故凡欲在戰爭上建立殊勳者，自下級至高級，均須具有特殊的天才。然而歷史家和其他論史的人們，僅對於居第一位者——司令官的地位而曾建殊勳的人們，慣稱為天才，這大概是因居於此地位所需要的精神及智力較居於第二流以下的地位者為大吧！

更有進者，凡欲在一個戰爭或戰役中，博得光榮勝利的指揮官，尤非兼具有高等政治的偉見不可。這是說戰略與政略要一致，將帥又須成為政治家。但彼却要常不忘記了自己仍身為將帥才可。蓋彼在其視野中，一面須囊括整個國際政局，同時另一方面必須對其憑自己的各種手段所能達成之任務的範圍有正確的意識。

在此場合的各種關係，既多式多樣，境界又很不明確，其結果，必有許多要因雜入於將帥的視野之中，而此等要因的大部份有待於推測而知，所以將帥必須發展其統一力與判斷力而成為一種驚人的洞察力。

但這種高等的精神作用，即天才的眼力，如果沒有上述感情上及性格上諸特性為其支柱，恐亦不能創造歷史，垂名後世。

最後我試問：在軍事上的天才，究以何種智力為最適宜？於此，我可以斷言：「軍事天才是臨戰時而能付托以我們子弟的生命、祖國的名譽與安全的人物。這種人物與其長於建設，不如長於反省；與其偏於局部盡其推求之能事，不如具有概括全體之能力；與其具有熱烈的胸懷，不如賦有冷靜的頭腦。」

（總括）

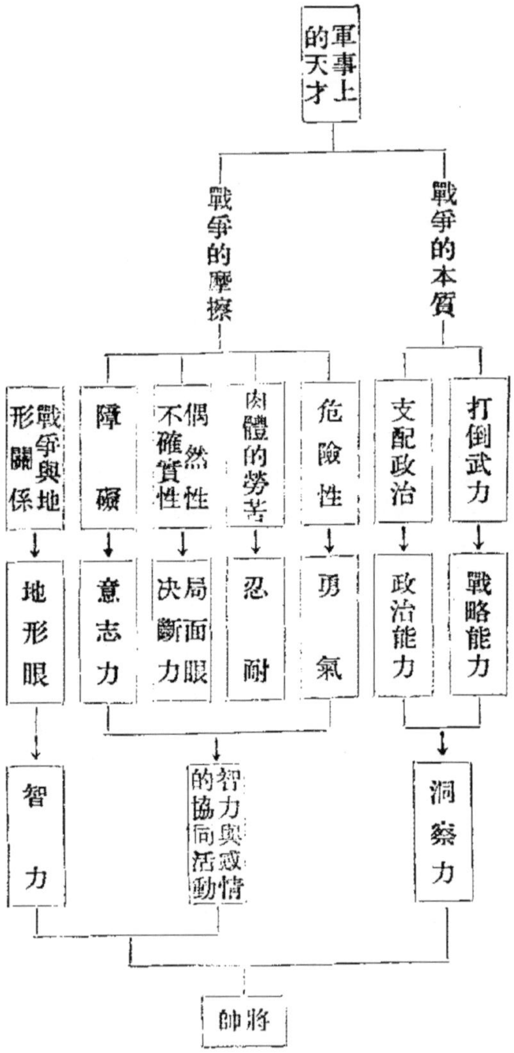

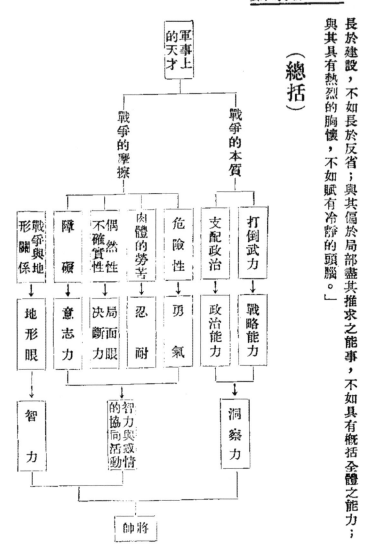

附說二　關於戰爭的眞義

克勞塞維慈因受黑格爾哲學的影響，其論戰爭上的精神要素的重要性，比諸歐西別的兵學者還要强調，但對於戰爭本質的那種見解，終脫不出歐西派的唯物觀念。卽他所述的，斷定戰爭爲觀念的「力與力」的抗爭，不承認其間有什麼道義的存在。在現實的政治作用上，又專以利害的打算爲基礎而遂行戰爭。

固然他把戰爭作客觀的觀察，自有其一面的眞理，尤以歐西由來的戰爭盡屬於這個範疇。

中國的戰爭思想與歐西派的兵學思想，截然不同，我們只稍一覽我國歷代各家的兵法及現代　國父的戰爭理論之後，就會澈底明瞭了。(此兩行爲譯者加入——浴日註)。

第二篇　戰爭的理論

戰爭的理論

- 兵術的區分
  - 戰鬥力的行使
    - 戰略
    - 戰術
  - 戰鬥力的維持
- 戰爭新理論的建設
  - 戰爭理論的推移
  - 戰爭理論建設的可能性
  - 戰爭理論的特質
- 兵術或兵學
  - 戰爭是人類社會上的一種行爲
- 方式主義
  - 方式主義的意義
  - 方式適用的必要性
  - 方式主義適用的範圍
  - 方式主義的弊害
- 批評
  - 批評的意義
  - 對歷史事件的批評敘述
  - 各種批評手段應有的注意
  - 批評手段的弊害
- 歷史實例的引用
  - 歷史實例的價值
  - 歷史實例的使用法
  - 近世史的價值

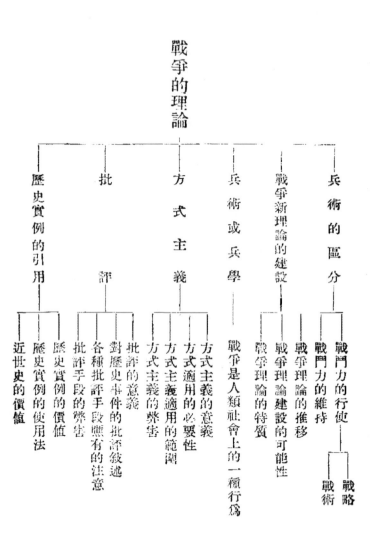

關於戰爭的著述始見於希臘羅馬時代。降至十六世紀曾有馬基雅弗利氏著兵法論，就軍隊的招募、武裝、給養、戰鬥序列等而說。在當時關於砲兵、築城術、攻城法等著述很多，惟尙缺關於戰略戰術的著作，就中如腓特烈大王的「大戰原理」，算是一部闡明統帥原則的傑作。洎乎十八世紀末葉，兵學與用兵俱陷於機械的形式主義，又偏於學理原則的倡導。斯時正逢法國大革命的爆發，由於蓋世名將拿破崙的出現，遂使兵學界的用兵思想起一大變革。這就是由於拿破崙打破舊式戰略的思想，而得心應手地指導戰爭。普魯士人培楞荷爾斯特(懷疑主義兵學派的代表者)曾著書否定戰爭的原則，說戰爭要憑天才而施行，欲建立戰爭的理論是不可能的。克勞塞維慈正誕生於這個時代，以其獲得拿破崙戰爭的實戰經驗及不斷地對於戰史的研究，又益以哲學的素養，而傾全力於戰爭新理論的建設。

本篇所述戰爭的理論是在這種情況之下，研究戰爭的方法論，而吐露其卓絕的識見。

第一章　兵術的區分

一　作戰

戰爭的本義是爭鬥。爲遂行此爭鬥就要利用技術上及科學上的發明爲武裝。在這裏所說的戰爭係區分爲「實行爭鬥活動」與「準備爭鬥活動」兩方面。

兵術卽基於此，而區分爲狹義的兵術與廣義的兵術：

(1)狹義的兵術　當戰爭之際，利用現有手段（卽現有戰鬥力）之術，稱爲「作戰」。

(2)廣義的兵術　爲戰爭所有的各種活動，卽戰鬥力建立的全部作業，如徵兵、武裝、裝具的準備及訓練等亦包括在內。

吾人現在所欲論述的，僅關於狹義的兵術，卽作戰。

二　戰略與戰術

所謂作戰是安排爭鬥，幷實行爭鬥。這種爭鬥如僅是一個獨立的行動，則無用作戰上加以區分的必要。但爭鬥却由其本身具有獨立性之數個個別的爭鬥行動而成。此等行動又發生爲兩個相異的活動，卽「將各個戰鬥，配合於其本身而遂行之」，與「將此等戰鬥連結於戰爭的目的」。前者稱爲戰術，後者稱爲戰略。

三　戰鬥力的維持

以上係就戰鬥力的行使而區分的，但非進而就與此有不可分的戰鬥力維持加以研究不可。而戰鬥力的維持，其性質可作如下的區分：

(1)卽一面屬於爭鬥的本身，他面又有效地維持戰鬥力，如行軍、野營、舍營等是。

(2)純粹作爲維持戰鬥力之用，其結果僅足以給予鬥爭上的某種影響，如給養、衛生、武器及裝具的補充等是。

依於上述，已可明瞭克氏對於兵術的區分，係以此而確立戰爭理論的研究基礎的。現更將其列表如次：

兵術

- 戰鬥力的行使（狹義的兵術）——（作戰）
  - 戰略（將各個戰鬥連結於戰爭的目的）
  - 戰術（將各個戰鬥配合其本身而遂行之）
    - 砲兵學
      - 兵器
      - 器材
    - 築城
    - 基本戰術
    - 戰鬥力編成
    - 戰鬥力管理
      - （戰鬥力編成、戰鬥力管理）軍制
- 戰鬥力的維持（戰鬥準備）
  - 一面屬於本身的戰鬥 另一面屬於有效維持戰鬥力
    - 行軍
    - 野營
    - 舍營
  - 屬於戰鬥力的維持
    - 給養
    - 衛生
    - 補充

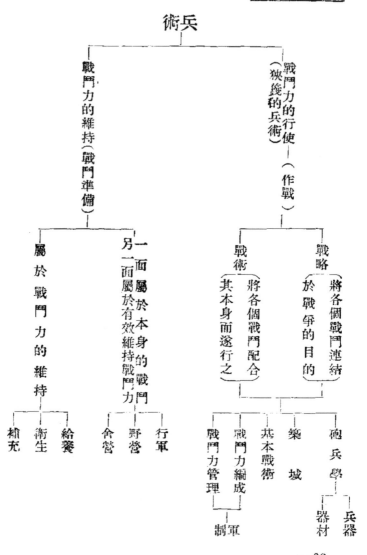

第二章 戰爭新理論的建設

一 戰爭理論的推移

最初的兵術僅可以解釋爲戰鬥力的整備，即武器的製造、裝備及使用，要塞及防禦的設置，軍隊的組織及其各種運動的機能等。論及作戰，始於攻城術，次及於戰術，其研究的主要對象爲部隊的編成，戰鬥序列的決定方法等，尚未及於兵團的運用，幷把用兵的本來意義，委諸各人天賦的資質。但在實戰的觀察——戰史的出現後，便給它以歷史的批判，而產生戰爭理論。惟立論的基礎是偏重於物質的對象，因爲在戰爭上欲作精神質量上的計算是很困難的。

當時成爲戰爭的對象，有如次問題：

數字上的優越

軍隊的給養

策源

內線

至於所謂策源（Basis）牠所担負的任務爲軍隊的給養、糧食及裝具的補充，戰地與本國之間連絡線的確保，及自軍退却路的安全等，而以此策源的大小（範圍），及戰鬥力與策源所形成的角度作爲作戰的對象，又拿包圍形態作爲無上的優勢。

所謂內線（Innere Linien）這不僅以採取包圍形態而結束戰爭，且採用拿破崙以劣勢兵力對敵實行各個擊破的方式。卽強調內線作戰有此利益，並以內線作戰之幾何學的研究作爲戰爭理論的妙諦。

此種理論，僅可視爲在分析這一部份上，是朝着眞理的大道，前進了一步。但它却忽略了戰爭的推測性及其互相作用的研究，並以物質的質量來決定戰爭的勝敗，而把精神的質量所給予戰爭的重大影響——這個要素置諸度外了。

二　戰爭理論建設的可能性

當從事於戰爭新理論的建設時，我們非先詳知軍事活動的各種性質，及確立其精神數量的準據不可。

軍事活動的特性

- 第一種特性（精神的諸力與精神的諸效果）
  - 對敵感情
  - 危險的印象（勇氣）
  - 危險影響所及的範圍（責任）
  - 其他諸感情
  - 個人的特殊性質
- 第二種特性（反應）——反應由此所產生的相互作用
- 第三種特性（各種事實的不正確）——推測性

由此，可見軍事活動的各種性質是不容易推定的，故理論的建設極難，尤其欲規定嚴格的形式以供作戰者的遵循，殆爲不可能的事。

但戰爭理論的建設，遵循以下的兩條道路是有可能性的：

(1)戰爭理論建設，各有不同的困難，指揮官的階級愈高，對於智力及判斷力愈有必要，階級低者因限於當面情況的範圍，所需達到之目的及爲達到目的所用之手段，便很簡單。

又，就戰鬥內部的序列，準備及實施，以建立理論上的法則較易，而就戰鬥的使用上，建立法則較難。即理論的建立，在戰略上較難，在戰術上較易。

(2)理論可用以觀察，不能作爲教義。正如前述，若以理論當爲行動的指令，使其適合各個事象，殆爲不可能。至以理論作爲研究戰史的指針則可能，且易理解。還有，客觀的智識可以變爲主觀的能力，縱在困難的情況之下，亦可變爲判斷(即判斷困難情況)的才能。

三　戰爭理論的特質

(1)理論係用以觀察目的與手段的性質：

(A)戰術的目的及手段

戰術
- 目的—勝利
- 手段—遂行戰爭的既成戰鬥力
- 使用手段時附帶所發生的諸事情(如地形、時刻、天候等)

(B)戰略的目的及手段

戰略
- 目的——直接達到媾和的時期
- 手段——勝利即戰術上的成功
- 使用手段時附帶所發生的諸事情(如地勢、時刻、季節、天候——酷寒等)

(2)戰略必須根據經驗以觀察對象的目的及手段

即戰略須專根據經驗，而就戰史上既有的材料來尋求其觀察的對象。這樣理論方不陷於穿鑿、詭辯、妄想等弊病之中。

(3)戰略手段分析的程度足使知識簡單化

對於戰略手段的分析，以能顧慮到它的範圍便夠了，例如火器的射程與效果，在戰術上雖極重要，但其構造在直接用兵上却沒有什麼關係。

這樣，可見戰爭理論的對象是趨於特別單純化，而用兵所必要的知識也有一定的。

(4)指揮官因其階級的不同，所需要的知識亦各異。大凡階級愈低，其對象愈小，且爲局部的。階級愈高其對象愈大，且又廣泛。

(5)戰爭所需要的知識很單純，欲熟習則不易。但這種知識非使完全融化於精神中，成爲能力不可。

四 兵術或兵學

關於戰爭的理論應稱爲兵術或兵學，尙未確定。

但我們可以說戰爭「不屬於術的領域，也不屬於學的領域，戰爭是屬於社會生活的領域，係由於人類重大利害的衝突，而以流血為結局的。故可以說：「戰爭是人類社會上的一種行為」。

戰爭的理論

- 戰爭理論的推移
  - 所謂當初兵術可解為戰鬥力的整備
  - 說到作戰、始於攻城術，次及部隊的編成，戰鬥序列等問題
  - 產生偏重於戰史的研究與物質對象的理論
    - 數字上的優越
    - 軍隊的給養
    - 策源
    - 包圍內線原理
  - 新理論的建設無須適應軍事活動的諸特性
- 戰爭理論建設的可能性
  - 軍事活動的諸性質，因地位的不同而異，又對象本身的性質，亦因理論建設的困難性而不同
  - 理論可用以觀察，不能作為教義，即無指令行動的必要
- 戰爭理論的特質
  - 理論是考察目的及手段的性質
  - 戰略必須根據經驗以考察對象的目的及手段而採用之
  - 戰略手段之分析的程度，足使知識簡單化
  - 因階級的不同，則所必要的知識亦不同
  - 戰爭的知識很簡單，然欲成為能力，而熟習之則不易

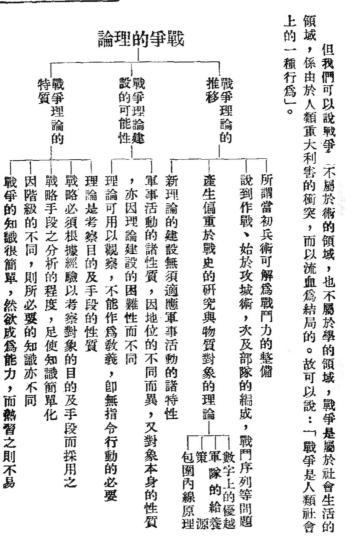

第三章　戰爭理論研究的手段

克勞塞維慈研究戰爭理論的手段，係就方式主義的價值，戰史批評的態度，戰史的引例等加以詳細的說明。

彼批判方式主義(Der methodismus 或譯公式主義或譯方法主義)係暴露歐羅巴的橫隊戰術，在拿破崙時代所發生形式上的弊害已臻於極點。又表明他研究戰史的態度，實則他的戰爭理論係建立於歷史的經驗之上，其簡單的內容如單表：

方式主義
- 方式主義的意義—不依一般原則或個人法則，而依方式來決定行為
- 方式適用的必要性
  - 用兵的行動，多基於假定，乃至全然不確實的情況
  - 指揮官的階級愈低，其人數愈多，且判斷的自由亦有限制
  - 用訓練來增大熟練正確的程度
- 方式主義適用的範圍
  - 適用的範圍不僅憑階級而定，且憑工作的性質而定
  - 階級高則活動的對象亦大，惟依據方式則少
- 方式主義的弊害—方式的墨守

批評

- 批評的意義——批評不外將理論的眞理應用於現實的事件
- 歷史事件的批評敘述
  - 確定歷史上疑問的事實
  - 從原因推論結果
    - 伴着如次二點困難性：
      - (1)眞確原因的難知
      - (2)戰爭原因的單一
  - 適用手段的檢討
- 諸手段批評上的注意
  - 戰史引用的必要—眞理
  - 嚴格地站於行爲者的立場
- 批評手段的弊害
  - 片面的體系的踐襲
  - 專門語、術語、譬喻等的弊害
  - 歷史實例的濫用

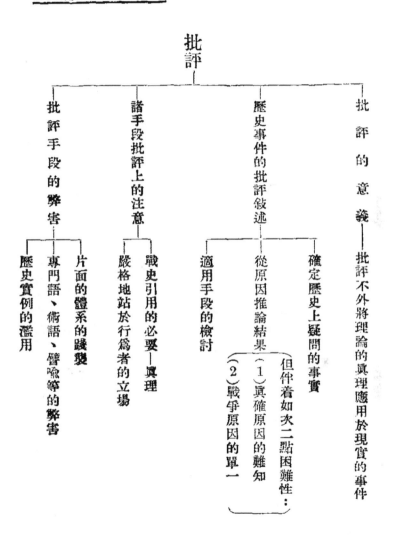

歷史實例的引用

- 歷史實例的價值——兵術的基礎知識，屬於經驗科學，在經驗科學上，歷史的實例具有最大的證明力
- 歷史實例的使用法
  - 使用
    - 歷史的實例，僅可作爲思想解說而應用——簡單的敍述
    - 歷史的實例，有益於思想的適用——詳細的敍述
  - 證明
    - 立言的證據——確實不疑的事實指示
    - 眞理的證明——正確且詳細證明
- 近世史的價值——歷史的實例以引用近世史的爲宜

附說三　戰爭新理論的研究

克勞塞維茲說：「在各時代便有各時代獨特的戰爭理論，」這個不朽的格言，是說明克氏戰爭論的價值，同時也是提示我們應不斷地努力於新理論的建設。

又，福煦元帥說：「每一民族便有每一民族獨特之戰爭理論的展開。」這實足以卜一國的盛衰。

日本從來的戰爭理念比諸歐西雖自有其獨特之點，但以「不喜大言」的國民性却沒有發展爲任何科學的建設。在日俄戰爭時代高唱毛奇戰略，近來却强調魯登道夫的總體戰理論，但都未能表現日本戰略之獨特的形象。

我們以未來世界戰爭爲目標，爲發揮日本國民性的特色及其綜合能力，就有深感於攝取和、漢、洋兵學的精華而建設日本戰爭理論的必要。

新理論就是日本獨特的戰爭理論的闡明，而其研究的態度却要科學的，綜合的。

現在試一考察其方向，相信闡明政治價值與武力價值的相對關係而努力把握其戰爭本質，乃爲一最捷徑。

（八）運用

- 武力價值——研究軍制、戰術、兵器等的變遷，並判斷將來戰爭的武力價值
- 政治價值——觀察國際勢力的消長、外交手段、經濟思想、宣傳等的效果，并判斷將來戰爭的政治價值

第三篇　戰略

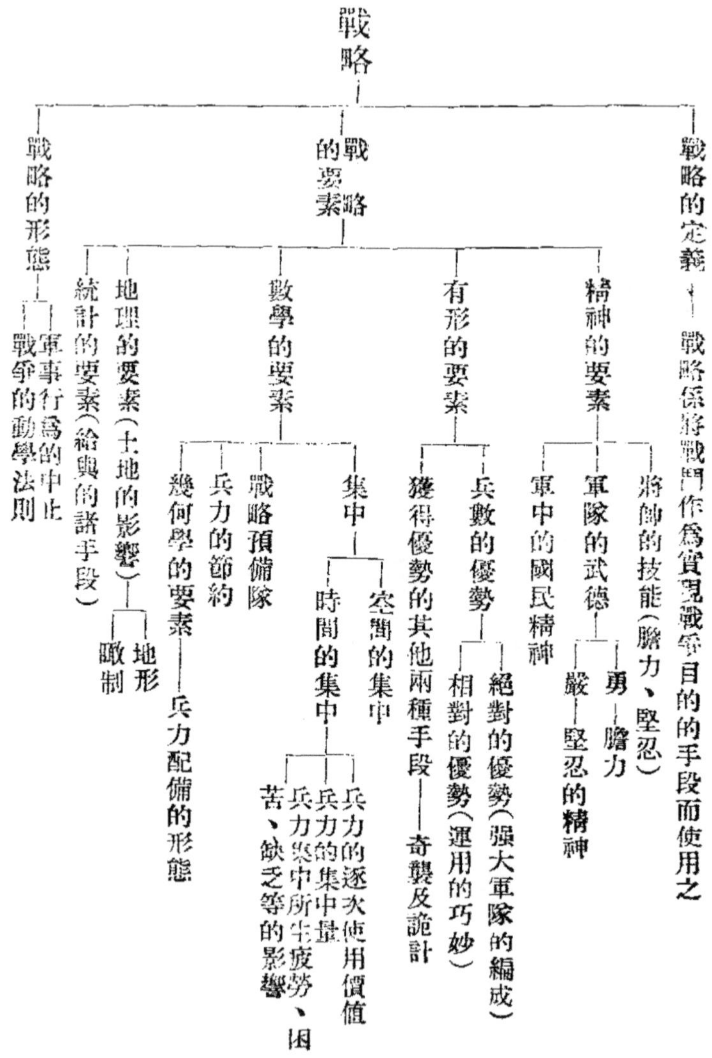
戰略
戰略的定義
戰略係將戰鬥作爲實現戰爭目的的手段而使用之
戰略的要素
精神的要素
將帥的技能(膽力、堅忍)
軍隊的武德
勇
膽力
嚴
堅忍的精神
軍中的國民精神
有形的要素
兵數的優勢
絕對的優勢(强大軍隊的編成)
相對的優勢(運用的巧妙)
獲得優勢的其他兩種手段
奇襲及詭計
數學的要素
集中
空間的集中
時間的集中
兵力的逐次使用價值
兵力的集中量
兵力集中所生疲勞、困苦、缺乏等的影響
戰略預備隊
兵力的節約
幾何學的要素
兵力配備的形態
地理的要素(土地的影響)
地形
瞰制
統計的要素(給與的諸手段)
戰略的形態
軍事行爲的中止
戰爭的動學法則

第一章　戰　略

一　戰略及作戰計劃

所謂戰略係以戰鬥來實現戰爭目的的手段，故對戰略，先要作如次的兩種觀察：

(1)戰鬥力及戰鬥成功的可能性

(2)應使戰鬥力成爲卓越的智力、感情力

爲達成戰爭的目的，而策定作戰計劃，則必要根據此兩點。所謂作戰計劃是決定整個軍事行動的目標，而各種軍事行動又連結於該目標。

從來作戰計劃不是策定於軍隊，慣例係策定於政府，所以政府殆成爲軍隊的大本營（如七年戰爭的腓特烈大王），但就一般說，紙上的空論絕無效用，計劃必須適應在戰場上的實際狀況，又不斷地加以修正才可。

二　戰略手段的性質

戰略上所使用的各種形式，手段極爲簡單，又經常爲兵家所使用，其所獲結果，亦爲人人皆知。但有些批評家却過於重視此形式與手段，遂眩惑於前人輝煌的戰績，而以簡單的活動形式爲天才的表現。

可是戰略的形式與手段未必爲天才的表現，但實行之則不易，非有天才的手腕不可。總之，斷然遵守既定的方針，始終遂行原定的計劃而克服無數的障礙，不特要有雄大的魄力，且要有超常的明敏正確的思慮。

腓特烈大王在這個意義之下，實是一個典型的武將，又是一個偉大的戰略家。

其次，論戰略而不把一切精神力加以考察，僅依物質的數量而立論，則此種論調，便成爲力的均衡，兵力的優劣，時間與距離的關係，幾何學的角與線的問題。

但戰略上較難之點，不在於這種簡單的物質數量，乃在於能否把握着活動於其間之精神上的各種力量。

這種精神上的諸力，特別在戰略的最高範圍裏(卽戰略與政治及行政相關聯的部份)，常發生重大的作用，而使將帥判斷困難。

三　戰略效果

所謂戰略效果是觀察戰爭或戰役的全體後，而又綜合觀察其間所發生的戰鬥及會戰的效果之謂。

戰鬥的效果分爲直接的與間接的兩種：

(1)直接的——直接破壞敵戰鬥力。

(2)間接的——不是直接破壞敵戰鬥力，乃欲達成其目的，而決定間接的目的，以遂行之，則可收此效果。例如佔領敵方的省縣、都市、城塞、道路、橋樑、倉庫等。

戰爭是多數戰鬥的結合。而戰略效果僅爲各個戰鬥的效果，即戰略效果，不是表現於佔領地點及敵無防備的地方等方面，乃係決定於此戰鬥效果之終局的總和。換言之，決定整個作戰成敗之所在，實爲最後得利或失利的總和。

第二章　戰略的要素

戰略的要素，依其性質，可以做下而五種的分類：

一、精神的要素——屬於精神的特性及精神作用所惹起的一切。

二、有形的要素——屬於軍隊的戰鬥力、編組及兵種的比率等。

三、數學的要素——屬於作戰線的角度，及具有外線機動與內線機動的幾何學性的部份。

四、地理的要素——屬於土地的影響，如瞰制地點、山岳、河流，森林、道路等。

五、統計的要素——軍隊維持的手段（給養、補充等）。

此等要素在戰爭某種行爲中，無單獨的作用，乃常互相混合的存在着，故分析此等要素而作個別的研究，並非無毛病，但從另一面觀察，却可以明確理解此等要素的價值。

一　精神的要素

精神的諸力（或簡稱精神力）足以影響軍事行動的全體，而且軍隊的運用，也是源於指揮官的意志力而決定，即軍隊與將帥、政府等的智能及其他精神上的各種特性，戰地的人心，戰勝戰敗的影響等都足給予軍事行動的重大影響。

但因對此精神力問題觀察的困難，故漸爲人置諸腦後。不過戰史却常提示了這種精神力的價值。

基本上精神力可以分爲如次的三種因素，就中應以何者最值得重視，實是一個困難的問題。而各因素均足給予戰爭極大的影響，在戰史上已有明確的事實爲之證明。

(1)將帥的才能

(2)軍隊的武德

(3)軍中的國民精神。

到了現代，歐洲各國的軍事均達於同一的水準，兵學的原則各邦亦各趨一致，故像腓特烈大王用斜形戰鬥隊形擊破奧軍於拉頓一樣的使用特殊技能來博得戰勝的事已很困難了。

所以在今日的狀態，軍中的國民精神與軍人戰鬥動作的嫻熟，實具有加倍的重要性。

在精神諸力中表現有特別作用的，就是胆力與堅忍的精神。胆力常足以超越猝至的危險，成爲一種獨自的活動原理。戰爭除可由空間、時間及物質的數量的計算來推定其成功率外，又不能不承認胆力，具有一定的成功率。故胆力可以說是將帥必須具備的第一條件，沒有胆力決不會成爲卓越的統帥。又堅忍是打破戰爭上的無限艱難、辛苦、困乏之等，而取得赫赫戰果的唯一途徑。肉體與精神衰弱的人，決不足以克服此等戰爭上的困難，唯具有强烈的意志者，方能達成最後的目的。

二 有形的要素

一、兵數的優勢

有形的要素（或稱物質的要素）是兵數、武器、編成及各種技術等，就中以兵數的優越作爲戰勝的一個重要因素。假設在白紙上想定彼我的編成、裝備、軍隊的素質等完全相等，則決定彼我的勝敗，主要的就是兵數的多寡。但如果全將其他戰勝的因素置之不講，僅以兵數的優越作爲戰勝的絕對因素，其錯誤自不待言。

反之，若認爲兵數的優越對於戰勝沒有多大影響，而戰勝乃屬於其他戰略要素，如軍之幾何學的態勢，及地形的利用等，這也是犯着重大的錯誤的。還有一種思想流行於十八世紀，以爲軍隊的兵數要有一定標準的大，但超出此以上的戰力，反爲有害。總之，兵數的均衡自要有一定的限度，其程度如果懸殊過甚，則任何因素均不能凌駕之。不過在最近歐洲戰史上，以寡兵而勝二倍以上之敵，也有不少例子，如拉頓之戰，腓特烈大王以三萬兵而破八萬的奧軍，在羅斯巴哈之戰，彼又以二萬五千兵破五萬的奧法聯軍。

拿破崙在德勒斯登之戰，雖以十二萬兵擊敗二十二萬的奧俄普聯軍，但這個兵力的比例，却不及二倍。

反之，稱爲古今第一流的兩大軍事天才家，——腓特烈曾以三萬兵而爲五萬的奧軍所破，拿破崙亦以十六萬兵而為二十八萬的聯合軍所敗。

由上而觀，可知在今日的歐洲，縱是超卓的將帥，欲與擁有二倍優勢兵力之敵對戰而取勝，實在困難。

故欲戰勝，就「非在決定的瞬間，儘量地集結多數的軍隊不可。」

但這種兵數的優越應如何求得之呢？

(一)兵數的絕對優勢

在戰爭之初，應盡量以大多數的兵力參加戰役，期在兵數上佔絕對的優勢。

但這種絕對優勢兵數的決定，乃屬諸政府的權限，而出征軍的總指揮官通常只能使用既定的兵力交戰而已。

(二)兵數的相對優勢

總指揮官為求在戰鬥上取得兵數的優勢，只得巧於運用，以造成相對的優勢而已。

總指揮官為造成相對的優勢，就要具備有——對敵情之正確判斷，以寡兵牽制敵人的勇氣，實行強行軍的至剛氣力，出以敏捷果敢的奇襲，突遇危險的到來，而精神的活動力愈加活潑等條件。

但於此(即關於造成兵數的相對優勢)亦有只以明確測定空間與時間作為兵力運用上之主要因素的思想流行着。惟現以公平的眼光，通覽戰史，僅因測定時間與空間的錯誤而招致失敗的戰例，亦屬罕覯。

至富於決斷心而英明的將帥如腓特烈大王與拿破崙，其憑疾風般的行軍，以一軍逐次擊破數個敵軍時，決不能僅用時間與空間的單純計算來說明的。

但爲獲得這種相對的優勢，應採取如何手段呢？

1. 決勝點正確的決定。

2. 軍隊最初的行動方向能正確無誤。

3. 不眩惑於眼前的現象，常保持集中優勢的兵力。

二、獲得優勢的其他兩種手段

獲得優勢的其他兩種手段，就是奇襲與詭計：

(1)奇　襲

爲獲得相對的優勢，就常要以奇襲爲行動的基礎。且依於奇襲的實行，可以使敵軍發生混亂，及挫折其士氣而收獲精神上的效果。

關於奇襲的本質，有如左表：

奇襲

- 本質
  - 奇襲適用的可能性
    - 一、奇襲係依於作戰種類與時機而異，及其適用有大小强弱之分，且常成爲不可缺的
    - 二、戰術的奇襲較戰略的奇襲，其適用的餘地爲大
    - 三、戰略的奇襲，以在戰略的純軍事目的時，實行容易
    - 四、戰爭開始之際，極少奇襲敵人從出師準備上，可察知敵的企圖
  - 奇襲的價值
    - 奇襲係依軍隊、指揮官的性能而發揮其價值。至於柔弱
    - 而紀律廢弛、意志薄弱的指揮官則不能遂行奇襲
  - 奇襲效果的性質——奇襲的效果不是絕對的，大多保有偶然性
- 實行的要件
  - 祕匿（企圖行動）
  - 計劃準備的周到
  - 堅强的活動力
  - 迅速的決心
  - 長途的强行軍，
  - 並要有紀律嚴肅的軍隊，意志堅强的政府和將帥
- 效果
  - 優勢的獲得
  - 精神效果的獲得

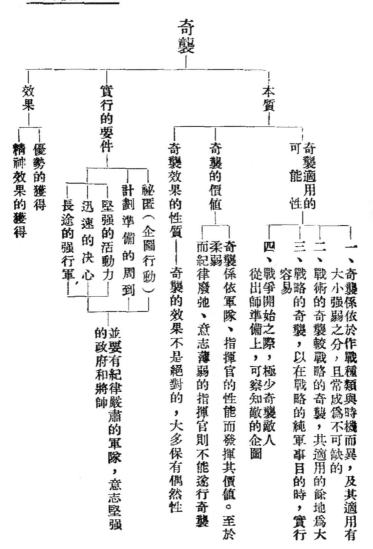

在歷史上以奇襲而取得輝煌的戰績，只得再數到拿破崙與腓特烈大王。且就這兩位名將所行奇襲的戰史為例證：

(A)戰術的奇襲

(一)一八一四年拿破崙對布留歇軍的戰鬥。

(二)一七六〇年腓特烈大王對牢敦軍的利格尼茲戰鬥。

(B)戰略的奇襲

一八〇〇年拿破崙的越過阿爾卑斯山

(C)戰爭開始，奇襲敵國的戰例

一七四二年腓特烈大王進入細勒西亞的作戰。

(2)詭　計

詭計是祕匿我軍本來的意圖，使敵腦筋混亂，而自犯錯誤之謂。故詭計為奇襲所不可缺的一要件。但詭計的實行，却常附帶着如次的困難：

(A)恐其終歸無效　例如發布虛偽的方略與命令，並故意使此種消息傳入敵耳。惟此種作為，除在特別時機外，一般不易收效。

(B)為牽制敵人，或實施偽戰鬥配備（如偽陣地）以眩惑敵人，但須用很大的時間與勞力，且往往容易招來正面兵力薄弱的不利。

故指揮官不喜用詭計，在許多場合都用常道。

但在戰略的指揮上，如因兵力的不足，必須活用詭計。尤其陷於途窮力屈，絕無勝算時，更非從詭計中求生路不可。

三　數學的要素

一、兵力的集中

爲求兵力的優越，一般須保有强大的兵數，而在決定使用的瞬間，尤須保有强大的兵數。

正如前述，將帥不能自由決定兵力的多寡，僅能依其集中兵力而使用之，即兵力非在適切的空間與時間上力求集中不可。

(1)空間上的兵力集中

爲求空間上的兵力集中，必須極力避免兵力的分割，但亦非無與此相反的事實，古來將帥依漫然的感情，實行兵力分割者，屢見不鮮。至關於兵力必要分割的場合，留待下章研究。

(2)時間上的兵力集中

時間上兵力集中的研究對象，就是兵力逐次使用的價值，兵力的集中量，及兵力集中所發生之疲勞、困苦、缺乏等的影響。以下且加以簡略的解說：

(A)兵力逐次使用的價值

戰爭爲互相對立的兩方之兵力的衝突，兵力較大者便可以殲滅敵方或完全將其驅逐之。故一般認爲兵力的逐次使用，必犯很大的過失。但於此將兵力作有利的控制，其理由有二：

(a)火力是戰術的基礎，在戰鬥初期，應憑火力的發揮而力求減少損耗。

(b)彼我的戰線陷於停頓、疲勞、困憊的時候，增援新銳的兵力，其價值甚大。

在後者的場合，若勝敗的歸趨既明，則勝者便可以藉精神上的優越感而壓倒敗者。假令此時，敗者有新銳兵力的增援，亦無從挽回頹勢。

一般戰術上的戰果，係產生於戰鬥中，卽在戰鬥未終結時之彼我混亂的狀態中。反之，戰略上的戰果却產生於戰鬥終結之後。

故在戰術上，可以藉新銳兵力的加入，捕捉戰況一轉的機會。但在戰略上，這種時機却已成爲過去。由此吾人可以得到下面的結論：

「在戰術上可以逐次使用兵力，但戰略上則要同時使用之。」

(B)關於兵力的集中量

關於兵力的集中量，觀於上述，已可瞭然。卽欲獲戰術的成功，開始就要使用必要的兵力。其餘兵力則作爲豫備隊，而等待於敵砲火的射程以外。但戰略上則要將可能使用的兵力，同時使用之其理由是：

(a)戰略上一旦成功之後，則戰術上狀況的劇變，卽可減少(因戰鬥已終結)。

(b)使用於戰略上的兵力，不應使其全部受損耗。

(c)決定戰略上的過剩兵力，極爲困難。

(C)兵力集中所發生疲勞、困苦、缺乏等的影響。

我們既已研究了戰術上的破壞要素，即對砲火及白兵戰應否保存兵力，其次更發生對於戰略上的破壞要素——疲勞、困苦、缺乏等應否保存新銳軍隊以爲補充的問題。

於此，且解答之如次：

(a)沒有實戰經驗的新兵，比未使用的新銳軍隊，其威力較小。

(b)在戰略的行動中所發生的疲勞、困苦、缺乏等損耗，幷不像戰鬥損害（即參加該戰鬥兵數的死傷）一樣的成正比例而增加。

(c)由於兵數的增加，反減少全般的危險及減輕勤務。

故對於這個戰略上的破壞要素，沒有保存兵力的必要。要之，爲達成戰略上的目的所使用的兵力，以同時澈底使用於同一地方，同一行動的效果爲最大。

二、戰略預備隊

(1)戰略豫備隊的任務

豫備隊的一般任務是：

(A)交替戰鬥中的軍隊或增援之

(B)豫防意外的危害

即前者純粹屬於豫備隊戰術的任務，後者有時屬於戰術的任務，有時屬於戰略的任務。例如在河川山地防禦等場合，因對敵情偵知的不確實，爲變更我兵力的配備，就先要準備一部兵力，以防不豫測事件的發生。

但敵情的不確實性，如在戰略的活動愈離開戰術的活動，接近於純粹的戰略時，則愈減少。至與政治發生密切的聯繫時，則完全消滅。這樣，戰略的豫備隊也自然隨之減少（卽指敵情不確實性的減少）。

（2）戰略豫備隊的價值

（A）戰略行動通常欲隱祕於很長的時間及廣大的地域，實爲困難，故在許多場合可以偵知敵的戰略企圖。

（B）戰略上的勝利爲各個戰鬥結果的綜合。大軍的戰勝，足以補償小軍的敗績而有餘。故在主要決戰上使用所有的兵力，如另一面爲敵所破，則這一面（主決戰）非求其必勝不可。

（C）戰術上的兵力逐次使用，在求勝敗決定於戰鬥的終局。反之，戰略上的兵力同時使用，係展開主要的決戰於戰鬥的初期。

基於上述三種觀察，可以說，戰略豫備隊除抱有特別目的之場合外，都是不必要的，反會發生危險。

戰略上在某地點所發生的不利，一般可以藉其他地點的勝利來補償。至將某地點的兵力移調於其他地點，而使其平均的事情則很少。

豫備隊是用以豫防不利的，尤應及時使用於企圖決戰的正面，以博取勝利，但實際上，竟有使用不到者。例如一八〇六年耶納會戰中的普軍。

三、兵力的節約

兵力的節約，係戒兵力的浪費，而確保其全部的協同動作之謂。換言之，卽使兵力的每一部份沒有不呈活動的作用。

倘若在必要以外的地方配置兵力，或在決戰時機，尙有一部份兵力在行軍中、機動中，像這樣的使用兵力，與其說是愚拙，不如說是自尋危險。

四、幾何學的要素

幾何學的要素卽兵力配備的形態，以影響於築城爲最大。在戰鬥上如軍隊的運動、野戰築城、陣地的佔領、攻擊的法則等皆成爲幾何學上的線、角等問題。尤其戰鬥之際，欲包圍敵人，更成爲幾何學的要素問題。

然在運動戰上，與其說是受這種幾何學要素所支配，無寧說是受精神力，各級指揮官的特性及偶然性的影響爲尤大。

(1)戰術上之幾何學要素的價值

在戰術上因時間及空間的短小，則容易使其限制爲最小的限度。例如一個部隊因側面及背面受敵攻擊，忽然退路又被其遮斷時。故欲避免這種危險，就不能不求幾何學之態勢的優越。於此，在戰術上可見幾何學的要素，實爲重要的因素。

(2)戰略上之幾何學要素的價值

在戰略上因其有關係之時間及空間的長大，故幾何學要素在戰略上的效用不十分重要，槍砲射程的距離不能由這個戰場到達那個戰場。且當實施戰略上的迂迴行動時，往往需時數週或數個月，加以空間距離的擴大，故縱以如何完整的戰略配備來實行當初的企圖，亦極困難。固然，幾何學的配備不健全，但有一點的戰勝亦可產生很大的效果。

故可以結論：

「在戰略上戰勝之數，及其價值的大小遠在幾何學的要素之上。」

我們對於克勞塞維慈這個數學要素的觀察，實發生種種的懷疑。這是現代的戰爭比諸當時的戰爭（主要的指腓特烈戰爭與拿破崙戰爭），各種交通通訊機關的特別發達，已增大了軍隊的機動性。所以於研究本章的理論時，就非先了解克氏的思想是基於拿破崙時代的戰略思想爲念頭不可。

四　地理的要素

一、地形

(1)地形影響于軍事可從如下兩方面來觀察：

(A)影響於軍隊的糧食給養。

(B)影響於軍事的活動：

(a)障礙運動

(b)障礙俯瞰

這三種影響，可使軍事行動發生多種多樣的複雜化。

(2)地形影響於軍事，主要的依於土地的性質而變化，其代表的東西爲：

耕地——此等地方為許多壕、牆、籬、堤等所切斷，並有許多獨立的住宅與叢林的存在。

(B)森林地、沼澤、湖沼地帶。

(C)山地、起伏地等。

此等地形的特性，不僅直接影響於戰術行動，且影響於戰略上的兵團運用、編成、裝備等。

卽在這種特種地形欲舉行一如平原地的大會戰，極為困難，而分散的各個戰鬥却直接成為決定戰勝的要素。因之與其說憑將帥的戰略運用足以決定勝敗之數，不如說由於指級下揮官的獨斷能力，軍隊的戰鬥精神。

又，在山地、森林、耕地等運動困難的地方，對於兵種的配合亦必要特加注意才可。

二、瞰制

戰略上瞰制的利益有如次三種：

(1)戰術上的優勢：

(A)高地可利用作為難於接近的障礙物。

(B)從上方向下方射擊，射擊距離雖然同樣，但命中率却較反對方向為大。

(C)有俯瞰展望的利益。

(2)接近困難，俯瞰容易，又成為戰略上的利益。

（3）俯瞰足以使精神振奮。

地理影響於戰略如此重大，但僅以此而欲取得戰勝則不可能。地形是死物，有待於利用，戰勝是依於戰鬥的勝利而獲得。

五　統計的要素

統計的要素——軍隊的維持手段，主要的關係於戰鬥力，留待戰鬥力篇詳述。

附說四　兵器的重要性

克氏在本書上，每強調兵數的優越爲戰勝的決定要素，此固因爲當時的情況使然，正如該書後面所說：「最近各國軍隊不僅兵器上裝備上訓練上相類似，就是將帥的戰術能力亦概達於同一水準。」（見戰鬥力篇第一章）。惟降及現代由於各國武器裝備優劣的不同，在戰場上恆以武器、裝備的優劣，而決定勝敗。尤其自原子彈出現後，各國軍事家皆推斷：在將來戰爭上，由於原子彈的使用，縱是若何龐大的陸海軍，亦歸於無用。故將來的制勝必爲少數具有最大速度和航續力而攜帶原子彈的空軍。但照我們的觀察：原子彈如果仍被使用於將來戰爭上（不被禁止的話），其威力難免不受限制，即是說，當防禦的武器出現時，必將失掉其作用或減少其威力。雖然，但我們還是相信決定將來戰爭的勝敗主要的仍爲「新兵器」，「新裝備」。這是我們今日研究克氏的兵學應注意之點。（此附說爲譯日加入）。

第三章　戰略的形態

一　軍事動作的中止

若從理念來觀察戰爭，則軍事行動應是續繼而不間斷的。試閱戰史，便可看到靜止與無活動的狀態，佔着戰爭的大部份。這個原因，可以歸結爲如下三種（參照第二篇第一章）：

（1）人心本具有怯懦，缺乏決斷的意念。

（2）人類的判斷及洞察力的不充分。

（3）其他條件如同樣，則防禦比攻擊爲有利。

倘若尋諸拿破崙戰爭以前的戰史，也常見不基於上述原因，而發生長期之軍事行動的中止。主要的，一面由於軍事的要求，及他方面的國情與道義的政治論等軍事以外的原因，但其影響却異常重大。

像這樣的戰爭，便陷於僅爲武裝中立，或示威運動，俾有利於談判，或爲等待將來的好機，姑先止於多少利益的獲得，或僅爲履行不愉快的同盟義務而參戰等形態，遂使戰爭拋棄原來猛烈的本質與面目。

此時代，戰爭的停止活動竟佔戰爭期間十之八九。戰爭的如此中途停頓，遂使兵學理論趨於技巧，及強調機動態勢的優越與決戰迴避主義，甚至以決戰屬於野蠻人的戰爭。但以法國革命的爆發，突然驚醒了沉醉於這舊式兵術思想的人們的迷夢，并發揮戰爭本來的激烈性，而席捲全歐。

依此而觀察現代的戰爭，可以定出如次三種性質：

(1)軍事行動不是繼續進行着的，也有中止的期間。

(2)兩個戰鬥之間，必有相持的時間，此時雙方俱取守勢。但戰鬥卻連續到戰爭的結局為止。

(3)兩敵中抱有積極的目的者常取攻勢主義。

二　軍事的動學法則

(1)休止與緊張的反復

正如前章所說，近代戰爭是有它的中止期間。倘若軍事動作的中止狀態成立時，這時就要保持彼我有形無形的力量及一切關係與利害的均衡。至某一方抱有積極的目的而開始活動時，則他方為對抗之亦開始同樣的活動，於是便發生戰鬥的緊張。此種緊張，一方為達成豫期的目的，或在他方未絕念抵抗前而繼續着。

這樣便會發生新的緊張，或發生一時的間斷，卽靜止的狀態。這兩種狀態是不斷的循環着，且以左表來表示這種狀態：

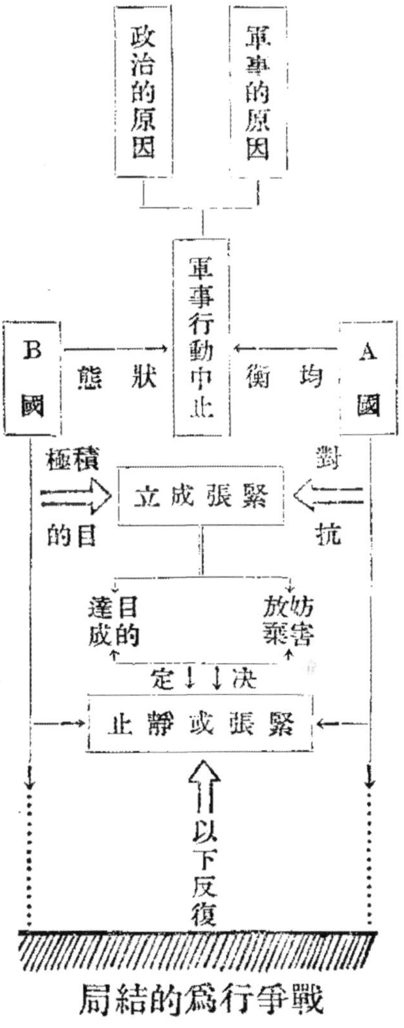

戰爭行爲的結局

(2)緊張的程度與戰果的關係

決戰的效果以在緊張的成立時爲尤大，這個理由是：

(A)目的既確定之後，因之意志力亦加强，且動作的必要亦迫切。

(B)一切均指向大規模的運動而準備。

而緊張的程度愈大，則決戰的價值亦愈增加其重要性。

例如一七九二年法將丟謨利埃（Dumouriez）率革命軍侵入普魯士而破敵於發爾密（Valmy法國一鄉村）時，頓使法軍的士氣爲之大振。反之，在荷赫刻赫(Hochkirch 薩克森一城市）的戰勝却沒有多大的感覺。

古來的戰爭（指拿破崙以前的戰爭），已如上述，均以休止、均衡的狀態爲常則。此等戰爭中的諸行爲，不會發生重大的效果。況且有僅爲祝女帝誕生（如荷赫刻赫的事跡），或恐汚辱軍職（如庫涅斯多夫的事跡），或爲博得將帥的虛名而出於戰鬥，其戰果如何，不問可知。

第四篇 戰鬥

戰鬥

- 現代會戰的特質
  - 各國的編成、兵備殆達於同一水準
  - 具有國民戰爭的性質
    - 以上結果，戰鬥愈發揮其固有性質，則激烈的程度愈增大
- 戰鬥本質的攷察
  - 戰鬥的一般性質
    - 戰鬥的目的
    - 戰鬥的絕對性質
      - 戰鬥力的消耗
      - 戰果
      - 勝敗的因素
    - 戰鬥的各種性質
  - 戰鬥的時間
    - 戰鬥時間長短的價值：勝者以時間短爲適，敗者以時間長爲宜
    - 決定戰鬥時間長短的要素
      - 交戰兵力之絕對的強弱
      - 其他相對的強弱
      - 各兵種的比率
      - 土地的情況
  - 勝敗的分歧點
    - 勝敗分歧點的意義
    - 勝敗分歧點的性質
    - 勝敗分歧的諸要素
    - 勝敗分歧時，用兵上應有的注意
  - 雙方對戰鬥的同意
    - 雙方不同意則戰鬥不成立
    - 戰鬥迴避的手段——放棄企圖
    - 挑戰
      - 遮斷退路
      - 奇襲

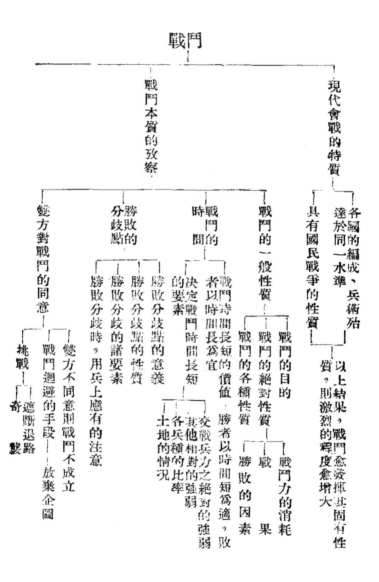

- 會戰及會戰後的戰鬥
  - 會戰
    - 會戰的定義——會戰是主力間的鬥爭
    - 會戰勝敗的決定
    - 會戰勝利的效果
    - 會戰的使用
  - 戰勝利用的戰略手段——追擊
    - 戰場追擊
    - 繼續追擊
  - 會戰敗北後的退軍
    - 退軍的目標，退至足以再能恢復諸力之均衡的地點爲止
    - 退軍的方法
- 夜戰

戰鬥遂行即戰術性質的變化，立刻可使戰略的方法發生變化。故欲考究戰鬥的戰略意義，就先要研究戰鬥的大體，並把握着近代會戰的特質。

第一章　近代會戰的特質

關於近代會戰的特質，有如下兩點：

(1)文明各國之軍事的編成及教育，一切幾達於同一水準。

(2)今日的戰爭均肇端於各國國民的重大利害關係，並打破了往時之人爲的限制。

基於上述的結果，戰鬥便發揮其固有的性質，愈趨於殘暴激烈。我們當對於戰鬥的本質加以考究時，就先要把上述的性質常置於念頭。

第二章　戰鬥本質的觀察

一　戰鬥的一般性質

一、戰鬥的目的

戰鬥的一般目的，在壓倒敵人而殲滅之。但戰爭不僅構成於許多各種大小的、或同時的、或逐次的戰鬥，且具有各種各樣的政治目的，即其軍事的行爲亦與各種行爲相連結（即個別的行爲與整個的行爲相連結），所以各個戰鬥未必以壓倒殲滅敵人爲目的，須保有從屬於總目的之特殊目的。雖謂特殊目的，仍以敵戰鬥力的殲滅爲根本，倘若僅求特殊目的之單獨實現，由總目的觀之，其效果極微（戰鬥的特殊目的即土地物資的佔領，及牽制、陽動等）。在法蘭西革命以前的時代，一般人皆以爲「殲滅敵的戰鬥力愈少，則兵術愈高尙。」這是由於戰爭的本質爲當時社會的政治原因所埋沒的。即他們以爲僅憑巧妙的機動與小攻擊，可以壓倒敵的戰鬥力與意志的。這當敵陷於被動時，尙有價值，若遇敵抱有直接的積極意志時，乃欲實施這種巧妙的企圖實爲不可能，反使我失掉先制之利，造成被敵强制決戰的結果。

大凡戰爭上，大胆常比愼重爲重要，故施行複雜巧妙的計劃攻擊，常會失掉時機，反不如制敵機先，斷行果取的直接攻擊，足以收穫偉大的效果。

（戰例）試看七年戰爭中的腓特烈大王與道恩元帥的戰鬥，更可明瞭其結果，道恩巧妙的機動主義，每為果敢的大王之會戰主義所擊破。

曠觀戰史，可知在武德中發揮最大的力量的，不是巧妙的智慮，乃為剛毅的精神。要之，戰鬥非百般企圖滅殲敵人不可。

二、戰鬥的絕對性質

為欲殲滅敵人，必須使敵人的損害大於敵人加諸我的損害。這種殲滅的損害即稱為戰果，此外的結果不過起因於戰鬥的特種目的，或僅給以一時的相對利益而已。

即藉有利的態勢，使敵放棄戰鬥，不能稱為「真正的勝利」，唯有殲滅才是達到真正勝利的境地。

（1）戰鬥力的消耗

（A）在戰鬥間所受有形的損害，敵我雙方沒有多大差別。有時勝者所受的損害比敗者為大。但敗者所受絕大的損害，乃發生於退軍之後，於此所受的損害，實為決定勝敗的鐵證。

（B）在戰鬥上不僅招來有形戰鬥力的消耗，即在無形的戰鬥力上亦受震撼而消耗，當彼我有形的損害相等時，成為勝敗的決定點，實為此精神力。而其消耗的狀態，係依於陣地的喪失，豫備隊的消耗來證明。於此，指揮官為求得彼我的均衡，致消耗自己力量，這時，我豫備隊若已比敵為減弱，僅在這點上，已顯可證明敵方精神的優越。

要之，戰鬥是雙方競相以有形無形的諸力演成流血的殲滅行為，其最後則以誰能保存此兩種較大的諸力為勝者。

(2)對戰果的觀察

(A)有形的戰果

在戰鬥間的損害，主要的僅為死者與傷者(敵我一樣)。在戰鬥後之追擊期間的俘虜及兵器鹵獲等便是主要的有形戰果。後者唯有勝者才能獲得。從來眞正的勝利乃以所獲戰果的大小多寡來決定的。

為欲增大此有形的戰果，便須求得戰略態勢的優越。

(a)謀我軍背後的安全

(b)威脅敵軍的背後

依此而行，便可澈底殲滅敵人，取得戰勝後的偉大戰果，這便是古今戰史常常推崇包圍迂迴之所在。

(B)無形的戰果

正如前述，在戰鬥中歧分勝敗的主要原因，為敗者精神力的喪失，即一旦勝敗決定之後，敗者的精神力便愈減弱，直至全戰鬥行為的最後而達於最高點。且在另一方面又足以增大有形的損害，而陷於澈底的潰滅。

故勝者務須不失時機，而收穫戰果，倘若給與敗者時機的餘裕，則此種精神力便會逐漸恢復，有時竟可喚起其愛國的復仇心而倍增其威力。

勝利之精神的效果係隨交戰兵力的大小，兵力比率等而異。

(a)交戰兵力愈大，精神的效果亦愈大。譬如擊破敵之一師，而該師仍易藉與本軍的接觸而恢復其秩序。假如直接擊破敵的本軍，其影響便會波及於全軍而導致崩潰。

(b)兵力比率愈大，精神的效果亦愈大。以劣勢的兵力擊破優勢的兵力，則我的士氣更加旺盛。

(3)勝敗的因素

勝敗的因素有下列三項，這是互相關聯的。

(B)有形損害的多寡　敗者所受有形的損害較勝者為大。

(A)無形損害的多寡　同右

(C)戰場的佔有與放棄　勝者以戰場的佔有，便可證明其優勢。敗者以戰場的放棄，而自覺其劣勢。

事實上，兩軍關於死傷數目的報告，常不真確，甚至故意改造，不露真相，至於精神力的損害更不易測定。故戰鬥的勝利須以戰鬥期間所鹵獲的火砲、俘虜來決定，或以戰場的佔有來決定。但戰場的佔有，亦有由於敵人的故意撤退，例如前哨部隊的計劃撤退，或採取退避作戰等是。所以在此場合，亦難作勝敗的決定。惟一般上，我們要領悟到：敵退出戰場，縱不放棄目的，但因暴露着敗軍之形，其軍的精神上，必受不利的影響無疑。

(戰例)在蘇爾(Soor)的會戰，腓特烈大王於戰勝後，已決心向亞勒西亞後退，仍停留於戰場五日間，以考慮其間精神所受的影響。

三、戰鬥所具的各種意義

戰鬥有各種的類別，這是基於兵力的如何配合而定，其直接目的亦有各種的不同。所謂敵戰鬥力的殲滅，固然是一切戰鬥的目的，但其他各種目的，即一地一物的佔領亦與此相連結，有時反佔主要的地位。

今將攻擊與防禦的各種目的，列表如左：

攻擊	防禦
一、敵戰鬥力的殲滅	一、敵戰鬥力的殲滅
二、一地的佔領	二、一地的防禦—絕對的防禦 相對的防禦
三、一物的佔領	三、一物的防禦

此外尚有偵察、陽動等。

此等戰鬥的各種性質，當然對於戰鬥配備上有重大影響。例如企圖殲滅敵人，與僅爲擊退敵人，其配備固不同，即爲死守一地，與僅爲持久至某一定時間，其配備亦完全不同。

二　戰鬥的時間

戰鬥時間的長短與交戰軍隊有絕大的利害關係。勝者的戰鬥，以時間短爲適，敗者的戰鬥，以時間長爲宜。換言之，戰勝越迅速，其成果越增大，戰敗越延遲，其損失越減少。就中與戰鬥時間具有絕大關係的是相對的防禦，即持久戰。持久戰以取得時間的餘裕爲主要目的。

而決定此戰鬥時間長短的要素是：

(A)交戰兵力的絕對强弱　彼我兵力愈大則交戰時間愈延長。

(B)交戰兵力的相對强弱　兵力比較，我大敵小，則交戰時間減少。

(C)兵種及其比率　騎兵的戰鬥比步兵戰鬥可以迅速結束戰局，又配屬砲兵的部隊可以延長抵抗時間。

(D)土地的狀況　在山岳、森林等地的戰鬥時間，較在平地爲持久。

尚有師、軍等的交戰時間可從戰史上觀察之，而此規準影響於戰鬥指導很大。試就拿破崙時代的戰鬥時間來看：

師(兵數八千至一萬)——對優勢之敵，抵抗時間達數小時，兵力對等時，抵抗達半日。

軍團(三至四師編成)——達右時間之兩倍。

軍(兵數八萬至十萬)——等一師的抵抗時間之三至四倍。

(註)近代戰的戰鬥時間係跟着火力裝備而增長，決不是這樣簡單迅速，而更呈堅韌性，自不待說。

三　戰鬥勝敗的分歧

一、戰鬥勝敗的分歧點

戰鬥的勝敗是逐漸形成的，但任何戰鬥都有它「勝敗既定」的一刹那。這便是叫做勝敗的分歧點。在戰鬥不利的場合，確認此勝敗的分歧點，至爲重要。過此時機，縱有若何援軍增加到戰線上去，亦難挽回大勢，徒增無謂的犧牲而已。反之，在勝敗的分歧未定時，有新銳的援軍却常可以挽回大勢。

試以戰史證明之：

(戰例)一八〇六年耶納之役及奧厄斯泰特(Auerstadrt)之役的普軍，均因坐失援軍使用的時間致招大敗。

二、勝敗分歧點的性質

(1)所謂勝敗分歧的瞬間如何

(A)戰鬥以佔領活動物爲目的時——而此物入於攻者之手，便可以決定勝敗的分歧。

(B)以一地爲佔領的目的時——多半以攻者佔有此地而決定勝敗。若該地不易固守，則有被防者奪還的可能。

(C)以敵的戰鬥力殲滅爲目的時——勝者由混亂的狀態而恢復秩序，敗者則會消失其逐次使用兵力之利益的時機。

(2)影響勝敗分歧的諸要素

(A)勝者用於交戰的兵力愈小，則所保存的豫備隊力愈大，使敗者不易由我手中奪還勝利，這便是戰敗分歧的決定。

(B)日沒後的黑夜、及蔭蔽、斷絕等地形均足以妨礙勝者的迅速恢復秩序。反之，敗者欲轉爲攻擊亦不容易，因此便爲延長勝敗誰屬的時間。

(C)側面攻擊、背面攻擊成功於勝敗分歧之時，不若成功於勝敗分歧之後，所發生的效果爲大。

(D)以挽回戰勢爲目的之奇襲，所給予勝敗分歧上精神的效果很大。

(3)勝敗分歧時在用兵上應有的注意

(A)一般在戰鬥未終結時，藉新援軍所開始的新戰鬥與最初的戰鬥合流，可收共同的結果，如最初的戰鬥已陷於不利，便會消滅其結果。(註)

(B)戰勢既定，敗者可藉援軍的戰鬥，開始各別的戰鬥，此時：

(a)若援軍的兵力比敵劣勢，則絕無勝利的希望。

(b)若藉援軍而得勝時，亦不能完全消除最初的損害。

(c)故我以決定的優勢反擊敵人時，與其挑撥第二次的戰鬥，不如於不利的戰鬥結局前，制敵機先，而挽回戰勢爲有利。

(d)戰鬥時間及勝敗分歧的時機足以規定共同作戰之各兵團間的互相距離。

(註)例如腓特烈大王在庫涅斯多夫的會戰，於最初的攻擊中，曾拔俄軍陣地的左翼，并鹵獲火砲七十門，但到會戰的終末，兩者俱被奪還，使此最初戰鬥的成果，盡歸泡影。

四　雙方同意的戰鬥

戰鬥係由雙方的同意而開始，換言之，一方企圖決戰時，他方不能拒絕之。倘若退避的話，簡直是把一部分的勝利讓於攻者。

　　瞬觀近世的戰史，戰鬥莫不以一定的戰鬥序列(註)而開始。爲此，其運用却大受地形的限制，如在山岳、斷絕地、蔭蔽地等，均不適於交戰，因之便發生所謂「不可攻的堅固陣地」。但自七年戰爭，尤其拿破崙戰爭以降，這種舊式兵術思想已被廢棄。凡不論在任何地形，倘若攻者抱有堅强的決心，則須强迫其決戰，卽挑撥防者使其不得不戰，於此亦算確立了雙方同意的戰鬥。

　　攻者對於迴避戰鬥而退却之敵則要：

(1)用迂迴以遮斷敵的退路，强迫其決戰

(2)奇襲敵人。

等挑戰手段。

(註)戰鬥序列　於此所謂戰鬥序列，可以說是爲戰鬥而配列軍隊。橫隊戰術卽在訓練軍隊，使其能迅速採用此種配列。

第三章　會戰及會戰後的戰鬥

一　會　戰

一、會戰的定義

會戰乃用主力實行戰鬥之謂。

故會戰是彼我各欲取得勝利而傾注全力的鬥爭，即主力戰。

二、會戰勝利的決定

(1)決定會戰勝敗的時機

在橫隊戰術時代，只要破壞戰鬥序列的秩序(爲此便側重側翼的攻擊)，或佔領防禦陣地之要點的一角，便可立刻造成決定勝敗的時機。故當時的兵術係以軍隊全體的戰鬥序列作有機的活動，而各個部份絕無獨立。但在近代戰上，新豫備的比率，却成爲定勝敗時機的主要因素。

(2)會戰上均衡變化的徵候

會戰勝敗的命運逐漸決定之後，會戰的經過便徐徐地呈現均衡變化的徵候，其徵候是：

(A)最高指揮官接第一線指揮官「戰鬥不利」的報告，精神上便發生敗軍的印象。

(B)從事於局部戰鬥的軍隊，發生急速的消耗。

(C)交戰所喪失的土地。

(3)放棄會戰的時機

將帥於觀察此等均衡化的徵候，認爲已陷於不利時，便要決定放棄會戰。所謂會戰放棄的時機是：

(A)新的豫備隊經已消耗。

(B)退路已有被截斷的危機。

(C)日沒時刻的將臨(卽夜間不便於戰鬥，却利於退却)。

(D)在局部戰鬥中已受重大的打擊。

通例在勇敢和忍耐的將帥，他是不輕於放棄戰場的，惟當勝敗之際，不能當機立斷，仍作頑強的抵抗，不特危及全軍，且將一蹶不可復起。像拿破崙在培爾亞爾雲斯(Bello—alliance)的會戰，爲要挽回已不能挽回的會戰，便遭嚴重的打擊，弄至丟了戰場，且斷送了王冠，這是戰史上有名的事跡。

二　會戰勝利的效果

會戰勝利的效果極大，主要的是：

(1)影響及敵指揮官與軍隊的效果

會戰勝利的效果，較諸所謂從屬戰鬥的爲大(簡直不能比較)，尤其給予敗者精神的影響更大，可使敵指揮官及軍隊頓起倉皇、恐慌的觀念，陷於莫可補救的混亂。

(2)影響及我國民與政府的效果

會戰的勝利，足以鼓舞我國民及政府的勇氣，并深深地影響其活動。

(3)勝利影響及往後戰爭指導的效果

會戰勝利足以使往後的戰鬥指導轉爲有利，其效果的大小，主要的依於將帥的性格、技能及戰勝前後的情況而異。假設腓特烈大王置身於道恩元帥的地位，則科林的戰勝，將有絕大的價值。

此等戰勝的效果，以在會戰中，擊破敵兵的數目愈大爲愈大。

三　會戰的使用

一・會戰的價值

按照戰爭的一般概念，可以規定會戰的性質如次：

(1)殲滅敵的戰鬥力爲戰鬥的基本原則，又以採取積極的行動，爲達成目的的最有效手段。

(2)欲殲滅敵戰鬥力，只有藉戰鬥而達成。

(3)一般大的戰鬥必得大的結果。

(4)集合許多戰鬥而成一大會戰時，其結果必更大。

(5)在會戰中，須由總指揮官自任指揮，而總指揮官自任指揮，乃爲一般的要求。

從上述的眞理，便發生下面的兩個原則：

(A)爲殲滅敵戰鬥力，主要的應求諸大會戰及其結果之中。

(B)會戰的主要目的在殲滅敵的戰鬥力。

這樣，會戰便成爲戰爭或戰役的重點，而戰爭上的各種力量皆集中於此而發揮最大的作用。

但從來以避免會戰爲戰爭理論的常則，並採取不流血的戰爭手段爲超卓的戰略，其所以形成此種理論，不外如次的兩個因素：

(1)會戰以殲滅敵人爲目的，故它成爲戰爭最慘酷的解決手段。

(2)會戰僅以一囘的決戰而決定勝敗，故將帥在此孤注一擲的壯舉中，要下最大的決斷心。

但不流血的勝利，尚未之見，揮着「博愛仁慈之劍」的戰者，立刻會爲感情冷酷之敵所殺。拿破崙常打破歐羅巴這種兵學思想的迷夢，而還元於戰爭理念的本質。

二・決定會戰勝敗的程度

我們雖視會戰爲決定勝敗的要舉，然並非戰爭或戰役之最終所採取的唯一手段。會戰足以決定整個戰役的命運，雖爲近世的事，却不多見。又，決定此會戰勝敗的程度，不僅繫乎會戰的本身，且受影響於交戰兩國間之軍事與政治的各種關係。然能發揮現有的戰鬥力，參加決戰，這便成爲決定勝敗的重要因子。倘若用會戰不能取得戰爭的結果，必予爾後的勝敗以很大影響無疑。像拿破崙、腓特烈大王等富於鬥爭精神的名將，常是努力於第一回的會戰以求澈底擊破敵人。

會戰勝利的强點(die intensive ztearke des sieges)係依下面四點而決定：

(1)會戰的戰術形式　側面攻擊或包圍迂迴較正面攻擊的戰果爲大。

(2)土地的狀況　在斷絕地或山岳地作戰，較平原地作戰的戰果微小。

(3)各兵種的比率　擁有優勢的騎兵時，可以收穫澈底追擊的戰果，但有時却會減少其戰果。

(4)彼我兵力的比率　在兵力優勢的場合，依於包圍、迂迴、正面變換等戰略手段的活用，足以收穫偉大的戰果。

要之，將帥能活用此等方法，即可於會戰中發生決勝的作用。固然在敗戰的場合，附帶的危險亦增大，律諸戰爭的本質，亦屬當然。

所以在戰爭上，常以會戰爲最重要的一環，一切戰略上的手段皆要爲會戰而準備着，即戰略係巧妙確定會戰的空間時間及兵力使用的方向，并利用其成果。

（第三章總結）

會戰

- 會戰的定義——會戰是主力間的爭鬥
- 會戰勝敗的決定
  - 決定勝敗的時機
    - 秩序聯繫的破壞
    - 陣地要點的佔領
      - ↓ 橫隊戰術的時代
    - 所餘存新預備隊的比率
      - ↓ 縱隊戰術的思想
  - 均衡變化的徵候
    - 影響及指揮官的精神
    - 局部戰鬥中軍隊的急速消耗
    - 土地的喪失
  - 放棄會戰的時機
    - 新預備隊的寡弱
    - 退路有被截斷的威脅
    - 戰況的不利
    - 局部戰鬥已受打擊
- 會戰勝利所附帶的效果
  - 影響及於將帥與其軍隊的效果
  - 影響及於國民與政府的效果
  - 兩者影響及於戰爭進行的效果
- 會戰的使用
  - 會戰價值（應視大會戰爲決定勝敗最重要的一環）
  - 決定勝敗的程度
  - 會戰勝利的強點
    - 戰術的形式（正面攻擊力、側背攻擊力等）
    - 土地的情況
    - 各兵種的比率
    - 兵力的比率

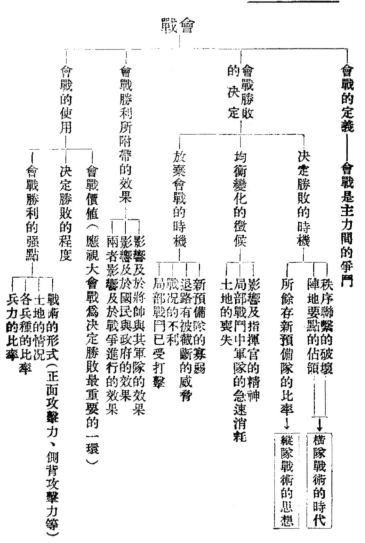

故凡將帥欲遂行會戰，必須具有卓越的武人精神，如敏銳的判斷力、剛毅的意志，堅忍不拔的魄力、活潑的企圖心等——這種種特性，便是會戰勝利的根本要素。

四　利用戰勝的戰略手段

會戰勝利必要利用追擊以擴大其戰果，故勝者非斷然實行追擊不可。但勝者往往因戰鬥期間所造成肉體的勞苦、秩序的混亂、彈藥的缺乏等，又因滿足於部份的戰勝，及感到敵方援軍到來的不安，便中止了果敢的追擊。所以在這個時候，爲將帥者如缺乏剛毅的精神、堅忍持久的意志、及名譽心等，決難收穫斷行追擊的偉大戰果。

追擊戰鬥，可以區別爲戰勝後的追擊與繼續追擊：

戰勝決定後的追擊(卽戰場追擊)，可用如左各種手段：

(1)僅以騎兵實行追擊　騎兵於兵種的特性上，遇有多少斷絕地卽會爲其阻止，致結局不能收穫偉大的戰果。反之，退却者却可利用以制止其追擊。

(2)以各種所編成强大之前衛追擊　此種追擊比單純的騎兵追擊爲有效，但無本軍的支援，通常則不能繼續追擊至二三小時以上。

(3)使用全軍追擊　此種追擊開始，卽可發揮最大的威力。卽敗者在退却中雖可藉有利陣地而行抵抗，但目擊勝者的攻擊迂迴而來，便不得不放棄而逃，至於殲滅。

(4)夜間追擊的繼續　夜間追擊極難保持軍隊的秩序統一，所以通常到日落時，卽行停止。若以精銳的軍隊，敢行夜間追擊，其追擊兵力雖少，亦可增大戰勝的效果。拉頓與培爾亞爾雲斯二戰，即其好例。

這樣，於勝敗決定後，卽行追擊敵人，至其最初的抵抗線，皆爲勝者的權利。於此，自然無暇顧及任何情況與更遠大的計劃，因這都足以減少會戰勝利的結果。

但從來的戰爭，却有一種人爲因襲所限制，這是因當時的將帥，均以博得「勝利的名譽」爲最關重要，不以破壞敵的戰鬥力爲惟一手段，卽彼等認爲戰敗決定之後，立刻停止軍事行動，乃事所當然，且視此外的流血爲過份的殘暴，但這是錯誤的，實則認識追擊的眞正價值者，僅有查理十二、尤金親王、腓特烈大王等名將。降及近世，追擊乃勝者的中心任務，以此博取赫赫之功，並奪得無數的戰利品。固然這種戰場追擊的價值很大，但戰勝的效果，通常却不能僅以戰場追擊而完成，還要實行果敢的繼續追擊。

繼續追擊的方法有三種：

(1)行追法——卽跟蹤追擊敗者，使敗者不得不連續退至最初的抵抗預想地點，而沿途拋棄病傷兵員及器材輜重等。

(2)窮追法——不以佔有敵人所放棄的地點爲滿足，乃以我相當一强大的前衛攻擊敵的後衛（使其不能佔領陣地以爲掩護），使其沒有休息的機會，而陷於混亂恐慌的狀態。

(3)平行追擊——向敵的退却目標作平行的追擊，卽勝者沿側道與敗者的行軍方向平行，而向其目標（如堅固陣地、重要城市、或與援軍會合之地等）急進，於是敵忌我捷足先登，更呈慌亂，出於遁逃。

此中最有效的追擊方法，爲平行追擊，敗者對抗的手段不外——第一、向敵反擊，出敵意表而奇襲之。第二、促進自己的退却，即急速退兵。第三、避免易爲敵人截斷的地點而迂迴轉進。而勝者欲粉碎此等對抗手段，只有繼續實行果敢的平行追擊，這樣必足使敵陷於澈底的慌亂，至於覆滅而後已。然這種會戰的勝利，係以大規模的追擊戰而收穫輝煌的戰果。

五　會戰敗北後的退軍

會戰敗北後的退軍，以繼續退至足以再行恢復均衡力量的地點爲止。在這裏所謂均衡，是指足以恢復我戰力，尤其精神力的地點，即：

(1)有新援軍的到來

(2)有強力要塞的掩護

(3)地形上有大斷絕部份可供利用

(4)或因敵軍過於分散

等等。這都足以恢復均衡的，而此均衡時機到來的遲早，端繫乎損失的大小，敗北的程度，尤繫乎敵軍的性質。敵軍如因精神力的薄弱，致鬆懈了猛烈的追擊，則我可停止於戰場的附近。

退軍時要注意的是：

(1)要有效地維持我的精神力，爲此，要施行不斷的抵抗與大胆的逆襲。

(2)退軍時，最初的運動，務求徐緩，不受敵的威力所制，而作井井有條的退軍。

(3)用軍隊最優秀的部份編成强有力的後衛，由卓越的將領指揮之，遇關頭時，卽用全軍支持之，並依地形的利用等而計劃小會戰。

(4)退軍時要極力避免兵力的分割，使其能集結於預期的地點並恢復其秩序，勇氣，信賴。至於分割退卻、偏心退卻等，實爲言易行難，若冒昧行之，必使全軍陷於支離破碎，至於潰滅而後已。

第四章　夜戰

夜間攻擊乃一種奇襲的手段，實行時却附帶着各種困難性，如：

(1)敵情偵察的困難性

(2)我企圖祕匿的困難性

(3)敵防禦配備的變更

(4)防者佔有地形的利益

等是。故夜襲如不在特別有利的時機，鮮有以敵的全軍爲對象而施行之，大半僅爲對敵軍的從屬部份加以奇襲，例如對敵的前哨及其他小支隊的夜襲等是。

對敵的全軍施行夜襲，其時機如次：

(1)敵軍全無戒備或輕率無謀時。

(2)敵軍陷於倉皇失措或我軍的鬥志十足優越，縱無上級的指揮，亦能自動行事時。

(3)必須突破對我包圍之優勢敵軍的一點，以打開血路時。

(4)我兵力比敵過於劣勢，非斷然作特別的冒險，難期成功時。

在此等時機，欲求夜襲的成功，其前提條件爲：敵軍全在我眼前，且可不用前衞爲掩護。

附說五　會戰指導方針的變化

會戰指導的方針，可以區別爲第一線決戰主義（即展開整個兵力，一舉而强迫敵軍決戰），與第二線決戰主義（即最初儘量愛惜我兵力，於消耗敵戰力後，便相機以第二線兵團强敵決戰的方法）。

橫隊戰術，其戰法的特色，係以第一綫決戰爲有利，腓特烈大王常衝破橫隊戰術的弱點——敵之側面，而獲得赫赫會戰的戰果。但以採用縱隊戰術之拿破崙的慧眼，於看破非行第二綫決戰不可，仍先用第一綫兵團加以攻擊，於極力消耗敵的戰力，尤其預備隊之後，即將所控置的第二綫兵團，突入敵陣，一舉而決定勝敗。像瓦克拉姆，巴士恩諸役中央突破的作戰成功，即基於此。

此後關於會戰指導的方針，在兵學界裏會發生許多議論，尤以殲滅戰略的强調，更多帶有包圍作戰之第一綫決戰主義的傾向。但在上次歐洲大戰，以陣地的加强，及戰線成爲無限制的延翼競爭，致不能施行包圍運動，於突破敵的第一綫之後，仍要用第二線兵團來强迫其決戰，一九一八年德軍所連續的五次攻勢作戰，即其代表。

近時由於飛機、戰車、裝甲兵團的强大裝備，遂產生對於全面縱深陣地而一舉突破的戰略思想，不待說，這是還元於第一線決戰主義的思想了。

第五篇 戰鬥力

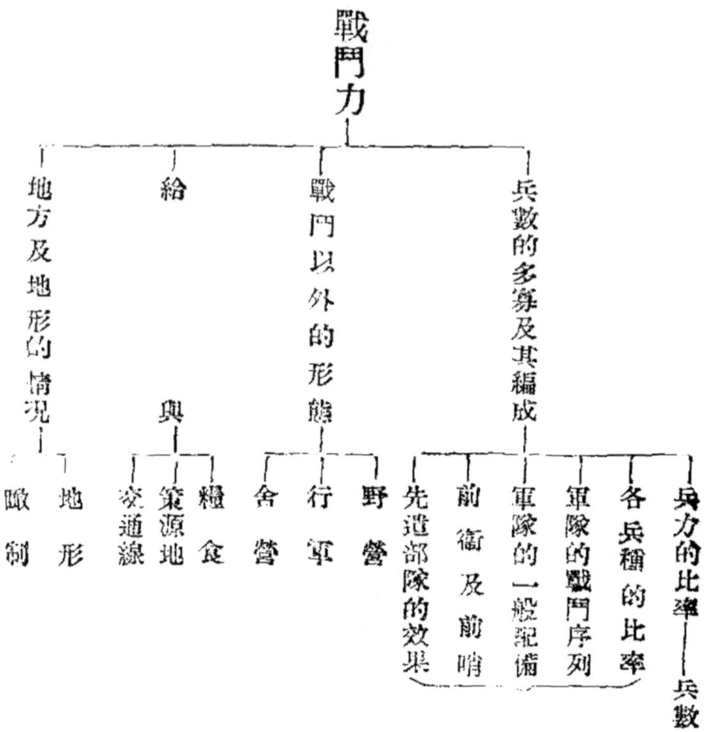
戰鬥力
兵數的多寡及其編成
兵力的比率
兵數
各兵種的比率
軍隊的戰鬥序列
軍隊的一般配備
前衛及前哨
先遣部隊的效果
戰鬥以外的形態
野營
行軍
舍營
給與
糧食
策源地
交通線
地方及地形的情況
地形
瞰制

我們在本篇想從如下四點來觀察戰鬥力：

（1）兵數的多寡及其編成。

（2）戰鬥以外的狀態——野營、行軍、舍營。

（3）給與——糧食、策源地、交通線。

（4）地方及地形的情況——地形、瞰制。

但此等有形的戰鬥力係跟着戰術方式的變遷而發生顯著的變化，不能作對照研究，就是當時最超卓的議論，到了現在亦成爲兵學界的常識了。

故我本篇僅就克氏論旨中的幾點特別重要者，加以論述。

第一章 兵數的多寡及其編成

一 兵力互相關係

戰鬥力的優越在戰鬥上常成爲制勝的唯一方法。試觀近世的戰史，爲求戰鬥力的優越，均講求如下各種手段：

（1）專從軍隊的配備及武裝上求優越的時代（希臘、羅馬時代）。

（2）依巧妙的機動以求兵力優越時代（橫隊戰術時代，七年戰爭）。

（3）依軍隊對於戰術的運用（如腓特烈的斜形隊形）或巧妙利用地形（如堅固

陣地、要塞等），以求優越的時代。

但最近各國軍隊不僅在兵器上、裝備上、訓練上相類似，就是將帥的戰術能力亦概達於同一水準，所以各國軍隊的素質極少差異，故各方面的均衡愈爲顯著，而兵數的比率愈成爲戰勝的決定因素。

正如前述，兵力的絕對强大，在戰略上大多不是憑將帥的自由意志所能變更，因而往往造成不得不以寡弱的兵力與敵對戰的場合。

在此場合，自然欲實現的目的縮小，所能對敵的時間亦縮小，所以一國不幸而捲入兵力懸殊的戰爭時，則非喚起國民內在的緊張力——剛毅的精神，而謀精神上的優越不可。

像腓特烈大王在七年戰爭中，他常以寡兵而收輝煌的戰果，卽他將戰爭的目的限於西勒西亞的佔領，幷以剛毅的意志而遂行之。

至遇兵數太不均衡(卽力量不太相等)，目標亦受限制而不能收穫成果時，則所恃者唯一就是精神力的優越，此時就應以極大的胆量，當爲最高的智慧，在必要的場合，亦可使用最大胆的騙計，萬一武運不佑，歸於失敗，亦不失軍人的本色，生命雖告終，聲名却可永垂於後世。

二 編成

軍隊編成的適當與否對於戰鬥力亦有重大的影響。

（1）各兵種的比率

戰鬥的手段分有白兵與火兵，**騎兵的戰鬥專用白兵，炮兵專用火兵**，步兵則兼用此兩者。

步兵是全軍的主兵，其他騎兵炮兵均爲其從屬，而此等兵種依其力量的結合，便可發生最大的威力。

此等兵種所編成的比率係決定於兵種的性能，及其創設，**維持所需的國家資源與經費。又，戰爭的特性，戰場的地形等也是規定兵種編成的一個重要條件。**

一般戰鬥，於缺乏騎兵時，尙易進行，**缺乏炮兵時，則難應付。**

試尋兵種比率之歷史變遷的痕跡：

（A）中世時期（十字軍及羅馬遠征）——**騎兵主兵時代或騎士時代（在此時代，以步兵的兵力爲特多，**却缺乏重要性）。

（B）三十年戰爭及路易十四時代——由於火器的特別進步及步兵的重要性增加，**遂使步兵與騎兵的比率成爲一對一，或三對一。**

（C）奧國帝位繼承戰爭（一七四一——一七四八）以降——**步兵的重要愈爲增大，與騎兵的比率爲四對一，**五對一，六對一。

（D）就炮兵而觀，自腓特烈大王以來，千名步兵經常維持炮二門至四門的比率。但**到戰役末期，其比率却跟着步兵的消耗，增加爲四門至五門，一般騎兵有相對減少的傾向，炮兵有逐漸增加的傾向。**

（2）戰鬥序列

所謂戰鬥序列係確定全戰役或戰爭期間之軍隊的基本編組（分割編成），以配備之。所謂基本編組是基於軍隊的平時編制，以編成便於戰鬥的集團。

試觀戰史：

（A）中世紀以前，戰鬥序列的形態，被視爲戰鬥最重要的部份。這在密集戰法的時代，戰鬥序列的適當與否，或優或劣，立刻可以決定戰鬥的勝敗。像「法蘭克斯」與「列紀安」等戰法，卽可證明。

（B）至十七、八世紀，因火器（尤其步槍）進步的結果，便採用足以增大火線的橫隊戰術，於是步兵之數爲增加，爲求減少損害，便散開於廣大的火線，其結果促成戰鬥序列的特別簡單，騎兵除配置於翼側以外，已不能使用於其他方面。

然其運動則極困難，各部隊全失其獨立性，全軍亦凝結爲一個不可分離的有機體，故欲將兵力之一部份分割配備，則必須分解全軍，以編成此種部隊。

（C）至十八世記後半期，曾將騎兵置於全軍的背後，幷將第一線分割爲數個兵團，卽所謂縱隊戰術的誕生。

就全軍的分割法而說，克勞塞維慈係以八分割法（卽分割爲八部份）爲理想，請參考下表：

區分	分割要領	分割法的利害
三分割法	前方部隊 中央部隊 後方部隊 	一、全軍作寡少的分割： (1)指揮以分割愈寡少則愈容易(利) (2)命令所經的階級愈多，則其迅速、力量、精確的程度亦愈失(害) (3)總司令官直轄各指揮官的活動圈愈大，則總司令官本身的威力與權勢亦愈失(害) 二、全軍作多數的分割： (1)指揮單位增加則不利 (2)可除寡少分割之害 克勞塞維慈依此綜合觀察的結果，乃以八分割法為理想案
四分割法	前方部隊 中央部隊 後方部隊 	
八分割法	前衛 右側衛 主力 左側衛 後衛 	

此外，克勞塞維慈幷就前衛及前哨，先遣部隊的效果等而論述。此等論述，均為近代兵學的基本思想，為讀者不可不知。

第二章 戰鬥以外的形態

在中世紀以前，對於野營、舍營、行軍等全視爲與戰鬥無關，但自西勒西亞戰爭以降，尤其自法蘭西革命以後，才基於戰略上的顧慮而實施之。

於是這戰鬥以外的三種形態——野營、舍營、行軍等，始給予軍之戰鬥力的發揮上以重大的影響。

一 野營

(A)法蘭西革命前——野營(包含幕營、廠營、露營)常用帳幕，到嚴冬時，因戰爭的停止，全軍又入於冬營的狀態(在冬營時、兩軍均停止其活動)。

(B)法蘭西革命後——在幕營上因感於材料(帳幕)運搬的困難，足以妨礙軍之運動，遂行停止使用。但跟着幕營制的廢止，却招來此兩種的不利：一爲兵力消耗的增大，即無帳營而露營於野外，致疾病頻生。一爲影響土地的荒廢，即被露營之地，將變成草木不留。

雖因戰爭性質的變更，可以避免此種不利，却要軍隊機動力的增大。

二 行軍

行軍對於兵力所生的消耗作用，極爲顯著。

在戰場上因食料和宿舍的缺乏，又因車輛的往返致通路的損壞，及須不斷警戒，爲戰鬥的準備等，均可使有形的及無形的諸力發生無比的消耗。

試觀莫斯科戰役，便可知精銳的法軍是怎樣的困苦了。拿破崙於一八一二年六月二十四日，趾高氣揚地渡過尼門河（R. Niemen）時，所統率的兵員共有三十萬一千人，到斯摩稜斯克時，尚有十八萬二千人，及到莫斯科時，僅剩十一萬人了。

三 舍營

因帳幕攜帶的廢止，在近代戰爭上，舍營又爲不可缺的。蓋廠營與露營，不問其設備如何完全，但都不能使軍隊得到適宜的休養。且因氣候寒熱不常，致使軍隊爲病魔糾纏，而過早消耗兵力。

如一八一二年，拿破崙遠征俄國，行軍於氣候嚴寒的國土，爲時六月，幾乎全無舍營，結果便招來悲慘的戰敗。

至當逼近敵軍時，或運動要敏捷時，皆難舍營。又，實施舍營時，係以休養爲主，或爲備戰，均本此而異其方法。

要之，此等戰鬥以外的三種形態，不特於戰鬥力的維持上具有重大關係，且其實施的適當與否，影響於戰鬥力的發揮甚大。

第三章 給與

一 糧食

近代戰爭，因兵力增大及戰鬥的繼續性，使軍隊的糧食給與發生特別的困難。

（1）給與組織的變遷

試閱往昔戰史所記載的戰爭，大多構成於孤立的各個戰鬥，其間給與的維持，自屬容易。降至十七、八世紀的戰爭，因中止期間很長，就中冬季全入於戰鬥休止狀態，即兩軍每年俱有冬營的慣例。因這個季節不適宜於戰爭，自然對於維持軍隊的糧食給與更屬容易。

在反對路易十四戰爭中，同盟國到冬營時仍將自己的軍隊分駐於各地，以便糧食給與的解決。但到西勒西亞戰爭時代，此種習慣，已經廢止，由於廢除封建的兵制，變爲傭兵的結果，軍隊成爲政府的附屬品，其費用專仰給於政府的財產或稅收。即對於軍隊的糧食給與，已由政府完全負担，且對於征戰的軍隊亦有特別的給與組織（有譯軍需組織或軍需制度）。這樣，戰爭的進行，便不受國民和國土的限制，其結果，給與組織固屬統一而有系統，但軍隊的機動力却呈特別的減少。何故呢？軍隊常爲倉庫所束縛，不能越出輜重的活動範圍以外，因之便會發生糧食給與不足的事實。

現以圖表示當時分為五級制的給與方式如左：

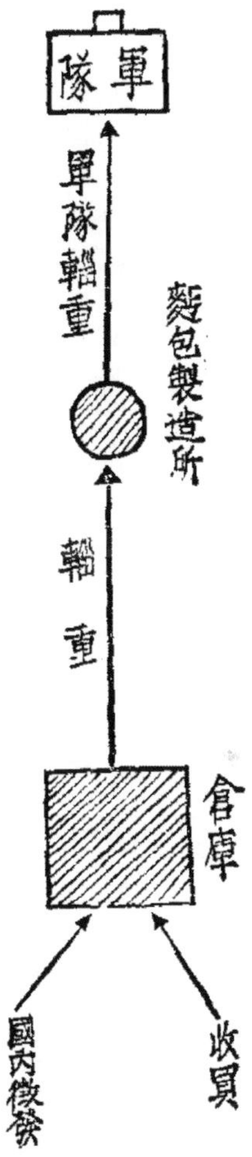

馬糧的解決，可用收割草料的辦法，其結果卻使駐屯地發生荒廢，所以在用兵上要有特種的考慮，即：

(A)戰爭務要移於敵的領土之內
(B)長期駐屯於一地為不可能

由於霹靂一聲的法國革命，又使十八世紀末葉這種給與組織為之一變，即因其革命政府沒有採取這種給與組織的財力，軍隊除用徵發、盜竊、掠奪等手段來給養全軍外，別無他法。

拿破崙戰爭時代，係採取前述兩者的優點，而建立適切的軍隊給與法，遂成為近代軍隊的給與方式。

最近軍隊的給與係照下列方法而施行：

軍隊
- 一、令民家供膳的方法——(都市、村落的利用)
  - 給養缺乏的豫防手段
    - 輜重隊攜行糧秣
    - 士兵攜帶糧秣
    - 兵站部的設置
- 二、軍隊自辦糧食的方法
- 三、作有秩序的徵發方法——(要有地方政府的協力)
- 四、用倉庫存糧的方法——(積存糧秣於倉庫，以應軍中需要的方法)

(2)戰爭的性質與給與的關係

一般戰爭在依賴其他各種條件所許可的範圍以內而進行，則先爲給養方法決定戰爭。然至此等條件已不能許可時，則爲戰爭決定給養方法。

(A)戰爭若照本來的性質進行，即發揮無限制的激烈性時，則給與問題成爲次要的。

(B)反之，戰爭在一種均衡的狀態，兩軍僅在同一地方調動和固守而遷延歲月時，則給養問題往往成爲重要事項。

再進而考察攻防兩者給養的差異：

(C)防者爲求一切給養的準備周到是可能的，尤以在本國採取守勢時爲然。

(D)攻者因前進之故，致與糧食積存場所遠隔，自要發生給養的缺乏與困難，此困難達於極點時，還要犯着下面兩點不利：

(a)勝敗未定，攻者繼續前進，這時固不能鹵獲防者的糧食，還要捨棄自己的糧食而前進。

(b)勝敗既經決定之後，攻者欲乘勢進擊，必因交通線的袤長而生給養的困難。

二　策源地

凡軍隊戰爭時，不問在敵國內而戰，或在本國內而戰，必須依賴於其糧食及補充品的供給地，此種供給的源泉地，叫做策源地(Operationsbasis或譯根據地)

策源地係在軍隊的後方，軍隊當要與之保持連絡，且要有糧食儲藏，及補充品積存的設備。爲保全此等設備，又要有防禦的設施，尤以築有便於輸送的良好通路，則策源地的價值更大。

軍隊依賴於策源地的程度和範圍係以兵力的大小爲比例，幷成爲軍隊及一切企圖的基礎。

故策源地係構成於此三要素：

(1)就地即時可購得的資源

糧食以在農產地方爲至易補給。

(2)已設立儲藏所的各地點。

兵器彈藥、被服、裝具等多要豫爲儲藏。

(3)足以供給塡補此等儲藏物品的領域。

故策源地與軍隊結成一體，方可使軍隊活動容易。

在策源地的性質上，一般視補充品的補給較糧食的補給爲重要。糧食的補給不論在敵地或本國均易補給，反之，補充品則非補給自本國不可。

在這種意義上，敵國亦可成爲一部份的策源地，但缺乏完全的價值。建立軍隊的策源地，所需要的時間與勞力很大，故對於本國內的策源地，亦不可濫行變更之。而策源地對於作戰所發生決定的效果，係在長期作戰的場合。在企圖速戰速決的場合，策源地的價值似不能左右作戰。

三　交通線

交通線爲軍隊與策源地的連絡路，又爲軍隊之戰略上的背面退却路，即背進路線。於通線的價值決定於道路的長度，數量及位置，即其一般的方向路線通達何地，車馬通行的便利，地形的困難，住民的狀態，及有無要塞或障礙物的掩護等等。而設於敵國內的交通線價值較設於本國內爲大，其重要性亦大。因爲本國內的交通線較易變更，設於敵國內的兵站線則難於變更。

在戰略上，企圖截斷敵的交通線，卽迂迴。

迂迴在交通上有兩種目的：

(1)破壞或遮斷敵之交通線，使敵軍因糧食的缺乏而陷於飢餓，不得不退却。

(2)以截斷敵軍的退路爲目的。

爲達成第一種目的，以一時的遮斷交通線，不致有重大的影響，還要不斷而反復地給予打擊，幷煽動當地民衆的叛亂。

爲達成第二種目的就要冒險作最大的努力。

於此爲謀交通線的安全，則要注意如下各點：

(1)於交通線附近或該線上佔領若干要塞。

(2)若無要塞，則要選擇適當地點構築防禦工事。

(3)設置健全的警衞組織，以監視人民，幷對住民給予寬仁的待遇。

(4)在交通綫上嚴守軍紀，幷力謀交通的便利。

此外於選定交通線時，尤以通過殷富城市、農業發達地方的道路爲最良好的交通線，因爲這足以便利糧食的補給的。

第四章 地形

關於地形之影響於軍事，在戰略論的「戰略要素」一章中，已加以研究，茲可不贅，約略言之，地形一面影響於糧食給與的補給很大，另一面依於地形的利用亦影響於戰力的保持與增進很大。

這是戰鬥力的一個要素，吾人不能置諸度外。

附說六　近代戰上戰鬥力構成的諸要素

戰鬥力構成的各種要素係隨最近科學的進步發達與動員兵力的增大而愈加複雜，以克勞塞維慈的慧眼，猶未觀察到這個境界。

一　參戰兵力及物資的動員

在封建君主的傭兵時代係以一國的富力而規定其兵數的多寡，往後在國民軍隊編成的時代，一國參戰兵力可依其壯丁的數量而算定，拿破崙戰役兵數的最大額，不超過五十萬人。

但是戰爭是跟着國民生活與人口密度的增加，同時形成兵力動員的特別增大，在日俄戰爭時代已動員至百萬以上，在上次歐洲大戰各國動員竟達數百萬，更加以後方的參加生產人員，殆已舉國爲達成戰爭的目的而協力了。請參考下表：

區分 戰役	交戰國名	兵力交戰（單位千人）
拿破崙 1813年	法	500
	普瑞俄奧西	720
普奧之戰 1866年	意普	550
	奧	513
普法之戰 1870年	普	714
	法	885
日俄之戰 1904年	日	1,087
	俄	1,000
歐洲大戰 1914—1918年	英	5,510
	法	4,660
	俄	12,100
	意	3,160
	美	3,670
	德	9,690
	奧	8,850

加以軍隊編制裝備的完整，戰鬥的堅韌激烈性，跟着兵力動員的增大，便是軍需的特別增大。此時，物的動員，殆已無遺。比諸腓特烈，拿破崙戰爭時代依於「一曰金，二曰金，三曰金」的政府財力而戰爭，其影響於國民生活更爲深刻迫切。不待說，這便是上次歐洲大戰的結果——總體戰理論之誕生的原因。

二　編制裝備

編制裝備的完整與改革，比單純的步騎砲兵時代更帶顯著的複雜性，一面基於兵器使用的科學性而發生分工的傾向，另一面，又在運用上，發揮其綜合的戰力。就中以飛機的發達，更使戰場擴大爲立體形態，又以各種通信器材，交通機關的進步，使大軍容易運用，而擴大戰場的空間。

但不管怎樣變遷，地上戰之軍的主兵，仍爲步兵，其憑突擊威力來壓倒殲滅敵人，仍爲從來不變的原則。

在某一時代，砲兵有萬能之稱。某一時代，有對機械化威力、化學戰威力作過分的評價，但這種有形戰力，畢竟要憑人的意志力來運用，每不能達到十足的理想，一度發生破壞故障，就會變成無用的鐵塊，這便是最單純的白兵威力永遠成爲戰勝決定的第一個因素的緣由。

三　給與組織

給予給與組織以一大變革的，便是各種交通機關的完整充實。

由於飛機、汽車、鐵路、船舶、道路網等輸送機關的發達，使軍隊變爲輕快，易於機動作戰，幷解除往時被倉庫、輜重大縱列的束縛苦惱，得易於發揮軍的戰鬥力。但在吾人豫想的戰場，未必予這樣優良的條件，又此等交通機關亦受天候、氣象、地形等所影響，依然使我們領悟到必須使用輜重縱列的場合不少。

第六篇　守勢

守勢

- 守勢的本質
  - (1)守勢的概念
  - (2)守勢的價値
  - (3)守勢價値的變遷
  - (4)守勢所附帶的一般性質
- 戰略守勢
  - (1)戰略守勢的性質
  - (2)戰略守勢的特別手段
  - (3)守勢的抵抗種類
- (A)守勢會戰
  - (a)要塞
  - (b)防禦陣地
- (B)戰略上的對側動作
  - 對交通線的威脅
  - 截斷敵的退路
- (C)國內退軍
- (D)民衆武裝
- 戰場防禦
  - (1)兵力運用上的兩種特質
  - (2)戰場防禦的兩種形態
  - (3)防禦的方式
    - 決戰防禦
    - 逐次防禦
    - 非決戰防禦

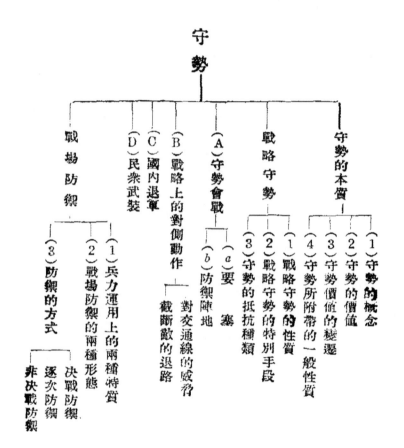

克勞塞維慈在本篇係就寓有攻勢的防禦爲最有利的作戰形式而論。根據這個基礎觀念，進而研究國土防禦的各種手段與方法，最後則論述戰場防禦的各種特性。

第一章　守勢的本質

一　守勢的概念

守勢是抵抗敵之攻擊，而粉粹其企圖之謂，其特徵係等待敵的進擊。卽在實戰上，守勢常是相對的，不是絕對的。

守勢本身的目的，在維持現狀，於每一部份上，欲殲滅敵軍，則常要伴着採取攻擊的各種動作。

二　守勢的價值

守勢之利有兩點：

(1)等待之利

由於攻者誤認、恐怖、怠慢等所生一切的躊躇，防者均可因之而造成有利的結果

(2)地形之利

現以守勢的價值與攻勢作比較的研究：

（1）戰術上所見攻防兩種手段的利害：

戰鬥的勝因	意義	攻擊	防禦
奇襲	在某種地點，以優於敵的兵力，出敵意表而襲擊之	實行全體的（以軍的全部）奇襲為有利，此為攻者當然之利	實行部份的（各部隊）奇襲
地利	地形的障礙力 地形穩蔽的利用		地形之利專屬於防者
包圍攻擊（迂迴）	火力的包圍 退路的遮斷	企圖包圍攻擊其全體（包圍或截斷全軍）	可以完成部份的包圍企圖，尚待於地形的洞悉，奇襲等而擴大效果

上表所列的三個勝因之中，攻者僅能獲得奇襲及包圍攻擊兩部份之利，反之，防者卻能得此三者之利，能活用此三者而取勝。

（2）從戰略上所見攻守兩手段的利害

戰略的勝因	意義	攻擊	守勢
地利			地形之利專屬防者
奇襲	奇襲的原來意義，為在特定的地點配備優勢的兵力，出敵意表，而襲擊之	戰略上的奇襲比戰術上奇襲，其效果更大，但非乘防者的過失不可，且此種現象不常有	乘攻者兵力分離之際，而奇襲之的利益屬於防者
包圍攻擊	包圍攻擊在戰略上很多改變其性質	一、火力包圍的不可能 二、交通線於侵入敵國時，易發生弱點	一、防者較在戰術的場合可減少退路的威脅 二、內線的效果很大，防者可活用之
戰場的補助作用		攻者侵入敵地愈大，則戰場之補助作用的效果愈減少	要塞的援助、糧食及補給等，於防者為極有利
民衆的協力			國民軍，民衆的武裝等以在國內作戰時，對於防者為有利
精神諸力的利用		攻者的精神優越	憑將帥的才能而利用之，以對於防者為優

依於上面的綜合研究，守勢比攻勢，可以說是更有力的作戰形式。但從另一面說，守勢的目的是消極的，爲達成積極的目的，非付以最大的犧牲代價，轉取攻勢不可。

三 攻防價值的變遷

攻防兩者的價值係跟着戰鬥方式的變化，互相競爭其優劣而變遷迄今，茲將列表如左，以便了解：

攻防價值變遷一覽表

時代	攻防價值的優劣		決定優劣的原因	說明
	攻擊	防禦		
三十年戰爭		優利	軍的展開及配備爲會戰的主要事項	
七年戰爭	優利		機動力的增大	腓特烈大王利用軍隊的機動力，常擊破優勢的奧軍。羅斯巴哈、拉頓諸役的戰勝，卽其代表。

七年戰爭末期		優利	堅固陣地的誕生	防者為抵抗之，因不能實行機動，便佔領堅固陣地。所謂堅固陣地係利用大河，深谷山岳等以行橫隊戰術，使攻者不能實施攻擊
拿破崙戰爭	優利		隊次的分割與迂迴	拿破崙廢止舊式橫隊戰術，而採用縱隊戰術，這個結果，使有固定性隊次易於分割，迂迴部隊常要敵跡山岳谿谷等障礙，以致放棄堅固陣地。
拿破崙戰爭末期		優利	給予陣地的獨立性	防者為抵抗之，常注意佔領有獨立性的陣地，更使防者佔優勢

至從戰史上研究攻防的價值，每因防者缺乏成功的戰例，故欲證明攻勢的絕對有利，未必不是。

何故呢？大抵防者取守勢時，兵力常比敵為寡且弱。不過對於優勢的兵力，而取守勢的防者，則攻勢亦未必成功。七年戰爭中的腓特烈大王在科林、庫涅斯多夫諸役的戰敗，即其證明。

四　守勢所附帶的一般性質

(1)攻勢的集中性與守勢的偏心性

外線作戰屬於攻勢，內線作戰屬於守勢。卽在攻勢與守勢作戰上可以見其特性——集中性與偏心性的對立。今就這兩種特性而研究其利害：

	集中運動（外線）	偏心運動（內線）
定義	(1)所謂集中運動正如下圖表示之外線的行動，兵力的效果是生於指向共同的一點  （F是敵的略號）	(1)所謂偏心運動，正如圖示之內線的行動，以全體結合，而對各個目標  （一次二次係表示攻勢的順序）
運動的	(1)戰術的利益 A可以實行包圍攻擊 B可以切斷敵的退路 (2)戰略的利益 A可以威脅敵之策源。要之集中運動的利益，正如克氏說：	(1)不失良機的內線作戰，可以將敵各個擊破。 (2)內線的利益係以與此有關係的空間之增大而擴大成比例，要之，偏心運動的利益，係結合a係b十c的戰力而發揮於一點

效果	「對a作戰毫不減其效力，并可同時對b作戰。同樣，對c作戰，并可對a作戰，這樣，其整個效果不僅爲a+d，而且超過之」
判決	(1)集中形，可以得輝煌的成功。偏心形，雖質樸，却可得確實的成功。 (2)集中形，目的積極而力弱。偏心形，目的消極而力强。

但攻者不一定站於外線，防者亦不一定站於內線。惟從一般的傾向上就可充分認識攻防兩者。

(2)攻勢及守勢的互相作用

戰爭係以守勢而開始成立的。何則？因攻勢的絕對目的，不在鬥爭，而在目標的佔有。防者爲抵抗敵的攻勢，勢非鬥爭不可，這樣便發生戰爭了。故防者爲策定防禦配備起見，先要判斷攻者的攻擊方法，及按土地的狀況，而決定採取怎樣防止攻擊的戰鬥指導方針。

在另一面，攻者亦偵察防者的防禦配備而選擇攻擊手段，攻防兩者是這樣的互求優越，而起互相作用。

(註)集中運動亦有譯爲向心運動，偏心運動亦有譯離心運動。

（註）克勞塞維慈於本章上，係先力證攻勢防禦爲最有利的作戰形式，但照我看，防者每易陷於被動退縮，求能依照企圖而轉移適切的攻勢，則要能作最大的努力。故現今各國的典令均以守勢爲在不得已的場合所採取的作戰方式。

又就內線外線之利害而觀，尚有多少應加以批判的地方，卽彼受拿破崙戰術的影響，以內線的各個擊破較爲有利的方法，但這是因當時的交通，通信機關，尚未十分發達，致使外線作戰的指揮發生困難，後來毛奇在普法戰爭中，却發揮外線作戰的奧妙，以殲滅法軍，這是昭彰見諸戰史的。

卽內線外線是各有利害的，但應何去何從，雖視乎將帥的「運用之妙，存乎一心。」但仍以守勢爲最有利的作戰形式。

第二章　戰略守勢

一　戰略守勢的性質

戰略守勢乃爲積極的達成戰鬥目的，而利用其有利的戰鬥形式轉移爲攻勢的一種手段。

故在戰略守勢上，攻勢轉移，爲不可缺的事，原來各種抵抗係專爲此攻勢轉移以求戰力的優勢而進行的。

且防者除可利用上章所述戰略或戰術的勝因，如地利、奇襲、包圍攻擊、戰場的補助作用、民衆的協力、偉大的精神力等外，還可採取具有自然優勢的特別手段。

二　戰略守勢特別手段

戰略守勢的特別手段爲後備軍、要塞的利用、民衆的協力、國民武裝、同盟等項。

(1)後備軍的活動　所謂後備軍的活動係指全體國民犧牲自己的財產，生命而參加戰爭，尤其國內防禦時，常備軍更可多面發揮其潛力。

(2)要塞的利用　守勢時，要塞的價值，遠比攻勢時爲大。即攻者不能使用國境附近的要塞，反之，防者却可適切地利用深設於國內的要塞。

(3)民衆的協力　在國內防禦上，防者可以得到民衆很大的協力，如軍需補給、諜報等。反之，攻者欲向民衆課徵時，要出以武力的強制，則很困難和麻煩。

(4)國民武裝　民衆的協力愈密切時，便變爲「武裝蜂起」，即武裝自動參戰，像拿破崙苦惱於西班牙國民武裝的戰例，便可見效力的偉大。

(5)同盟　國際間利害的錯綜，足以促進政治的均衡，幷有維持現狀的傾向。故防者爲維持現狀而採取自衛行動，便易取得同盟諸國的同情與協力，成爲有利的援助。

三　守勢的抵抗種類

守勢的抵抗可依反擊的時機而區分爲左列四種：

區分	方法	戰例
第一抵抗法	敵軍侵入戰場，立刻攻擊之	摩爾維茲(一七四一、腓特烈) 荷恩普里得堡(一七四五、腓特烈)
第二抵抗法	在戰場境界的附近佔領一陣地，待敵向其前面進出而攻擊之	蘇爾(一七四五、腓特烈) 羅斯巴哈(一七五七、腓特烈)
第三抵抗法	敵的攻擊動作經我摧毀之後，即轉移攻勢	布綸策維次(一七六一、腓特烈)
第四抵抗法	逐次轉移內地的抵抗	莫斯科戰役(一八一二、拿破崙)

關於此等抵抗的價值，且從下舉三點加以研究：

(1)守勢利益的享受守勢的利益以轉移攻勢的時機愈遲愈大，換言之，愈處於被動地位愈享有守勢的利益。

(2)防者的負担防者有利亦有害，即防者愈是被動的防禦，其不利亦愈增大，戰場如為敵軍侵入，則防者的負担(犧牲)便增大，就中以在本國內交戰的場合，其犧牲更增大。

(3)對攻者反擊的手段　反擊係用武力使攻者肉體精神的疲勞而進行之。總之，前述三種抵抗法，主要的係用武力加以反擊，而此第四種抵抗法乃在以武力使攻者肉體精神疲勞戰，力日益消耗，而放棄其攻擊的決心。

若從守勢的效果上來觀察，當選定防禦的各種形態時，一面要考慮到必要犧牲的多寡，并能決定之，另一面還要考察地形、住民、習俗、風氣等決定是否適合於其防禦方式。

當兩軍的戰鬥力發生特別懸殊時，力的關係，足以決定防禦的形態。

例如常以攻擊為主的拿破崙於一八一三年八月，因感於自軍兵力的不足，遂取守勢，至是年十月，兵力的不均衡更達於頂點，乃在來比錫採取決戰防禦。

第三章 守勢會戰

守勢會戰通常乃防者將攻者的集中態勢予以分離之後，便轉爲放射的攻勢。爲此，防者對於敵欲截斷我退路的企圖，就要講求對策。

防者能擊破敵於分離之際，則攻者再無集結其兵力的可能，幷收輝煌的戰果。拿破崙的特勒斯登會戰，即其好例。

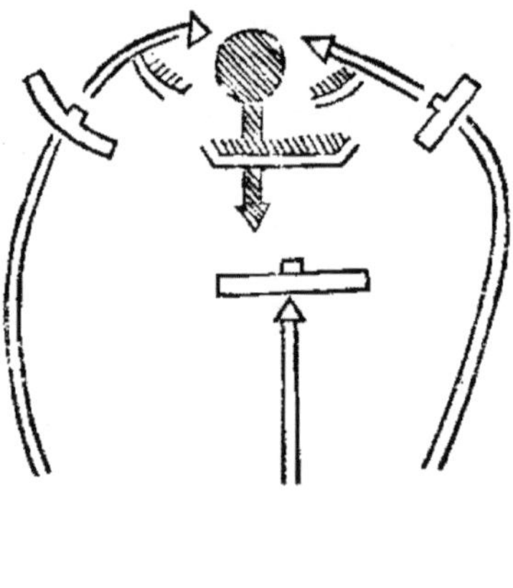

守勢會戰主要的係利用要塞或陣地而施行。惟於此選定的適當與否，其影響於會戰勝敗的重大，已不待說。以下且就要塞與陣地加以若干說明和觀察：

一 要塞

一・要塞的效果

要塞的戰略效果，可分爲主動（屬於攻勢）和被動（屬於守勢）兩種。

被動的效果係指保護要塞之所在地及其中所包含的一切而言，主動的效果，係指要塞守備兵及其他協同部隊對要塞周圍所受的影響而說。

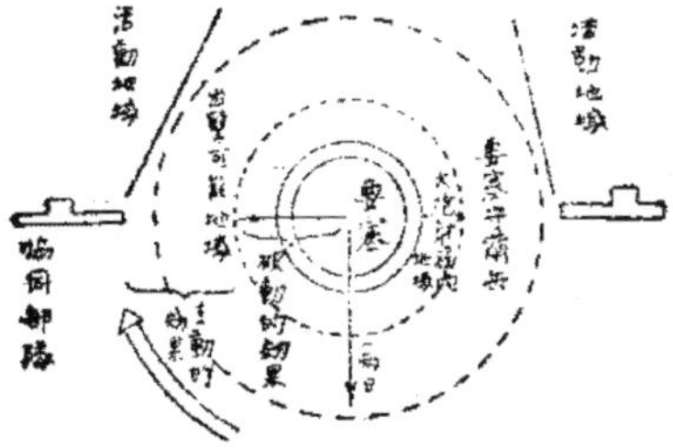

（備　考）

主動的效果：

（1）要塞守備兵出擊的可能地域

（2）協同部隊的活動地域。

主動的效果，以要塞守備兵力愈大亦愈大。

又，協同部隊的存在，足以擴大其效果。

二・要塞的意義

古代都市的要塞僅以直接保護都市的生命財產而存在。降及近代要塞所具的戰略意義，已被重視，以間接保護國土，爲本來的任務。這樣，要塞的意義既擴大，其目的亦因之而有各種不同，有利用要塞的被動效果，有利用主動的効果。

要塞所具戰略的意義，如左表：

要塞的意義

以被動的効果爲主：

- （1）可利用作爲安全的儲藏品倉庫
- （2）爲富庶大都市的保全機關——不僅成爲自然的儲藏品倉庫，且爲防者戰略上的重要支柱

保有主動的効果：

- （3）爲城砦——阻塞道路、河川等，表現城砦原來的意義
- （4）爲戰術的據點——當爲防者之翼，發揮共價値
- （5）爲駐軍地——作爲確保交通線的安全，及對敵游擊部隊奇襲的良好駐軍地
- （6）爲敗兵或寡弱部隊的避難集結地

發揮主動的効果：

- （7）爲對攻者的防禦機構——要塞不特可牽制吸引敵方兵力，且可在敵後方成爲孤立的要塞，擔任擾亂敵背後的任務。
- （8）爲舍營地的掩護物——不僅可負交通的阻塞，前哨先遣部隊的任務，防者且可利用要塞以爲配備。
- （9）爲未佔領省縣的掩護——在未佔領省縣內，憑着要塞的佔有，而妨害敵的自由行動
- （10）爲國民軍編成的中心點——食料品、武器、彈藥的供給泉源地
- （11）爲河川防衛的機關——河川的支配，山地交通路的扼守

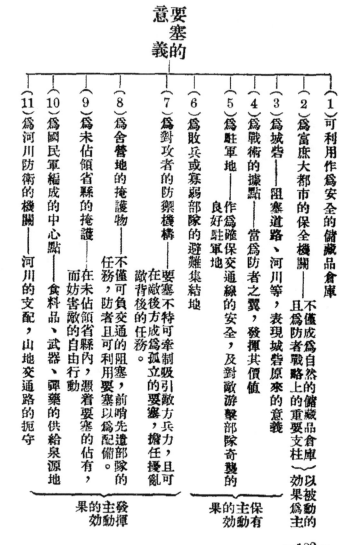

三・要塞的位置

跟着要塞之戰略意義的增大，便是要塞位置的選定，具有重大的價值。

要塞配置上應特別注意之點如左：

(1)要塞應設於爲攻者所必攻的地點——交通線的要衝，例如直通一國心臟部的道路，橫斷富饒省縣的交通線，及便於船舶航行的河川等處。

(2)要塞的分佈，要塞宜設置過半數於國境，其他一部份宜設置於國內的首都，主要都市，軍需製造等地，以爲掩護。

(3)要塞以數羣的配置爲適當，因這種要塞羣的威力特別增大。

(4)設置要塞必須考察當地的地理情況，即須考慮當地的河川、山岳、森林、沼澤等地形的障礙應如何利用，而妨害敵之圍攻。

二　防禦陣地

一・陣地的意義

防禦陣地，在其佔有地點的意義上，須先從這方面來觀察：

(1)戰略的意義　防禦陣地佔有的地點，在全般作戰上能否給予戰略上的影響？

(2)戰術的意義　佔有的土地能否有効地强化戰鬥力？

二・佔領陣地時，於戰略上應考慮的要點是：

(1)敵的迂迴行動　所謂迂迴是迴避防禦陣地正面，而攻擊或威脅其側面或背面的行動，其目的可分爲如下兩種：

(A)側面攻擊或背面攻擊——戰術的行動。

(B)退却線或交通線的遮斷——戰略的行動。

(2)敵通過我陣地的側方　所謂陣地側方的通過是說敵不作佔領我陣地打算，僅率其主力向他方前進，在這種場合之下，使我不得不放棄陣地。

三・防禦陣地的性質

當選定防禦陣地時，固須考慮到上述各要項，且要適合其目的，即說防禦陣地應具備的各種性質如左：

(1)戰略的性質(強化陣地的戰略性質)

(A)陣地側方，使敵難於通過。

(B)陣地背後的交通線，使敵無從截斷。

(C)交通線關係(交通線的性質、數量等)。可使防者獲得有利的効果。

(D)陣地所在地的一切，有利於防者：

(a)瞰制的利益。

(b)地方的情況配合於軍隊的特質及編成性質。

(2)戰術的性質(強化陣地的技術)

(A)地形的利用。

(B)工事的設施。

(C)要塞、野堡的利用。

(D)天然障礙物的利用與設置。

(E)地形的偵知。

(F)陣地的隱蔽。

四 堅固陣地、設堡陣地、側面陣地

防禦陣地具有如下的特殊性質時，可稱爲堅固陣地，設堡野營，側面陣地。

	陣地的特質	陣地應具備的要件	効用
堅固陣地	所謂堅固陣地，係成於天然與人工的兩因，可視爲難攻不陷的堅固陣地，構成堅固而長大的，正面與對敵迂迴的良好之翼的據點。	(1)能使攻者於通過側方時發生困難，又不能威脅我背後 (2)能使攻者的攻圍困難 (3)能使我的補給安全 (4)能期待援軍	依不可攻的防禦線，而直接掩護特定的地域

設堡陣地	側面陣地
建築堡壘，構成各方面皆成為正面，掩護配備於其地域內的戰鬥力，以間接掩護國土	與敵的前進路成平行或斜交而位於側方的陣地
因側方通過容易，及陣地的抵抗力亦不大。故須設於要塞的掩護下，以增大其強度力。	（1）對攻者的退卻線及交通線加以威脅 （2）對攻者的戰略之側翼加以猛烈的攻擊 （3）使我退路不為敵所威脅
（1）對優勢而士氣旺盛之敵，具有絕對的威力 （2）堅固的設堡陣地，在如左的場合，足以增大其價值 A 在國土狹小而可行退軍之狹隘土地的場合 B 在友軍來援、惡劣季節、民衆蜂起、攻者補給缺乏等場合之下，足以增大設堡陣地的價值 C 敵軍的突擊力失卻銳氣的場合	（1）在以寡弱的兵力而牽制攻者強大的兵力的場合 （2）對於大胆企圖決戰而優勢之敵，往往可用為遮斷退路的冒險手段。

附說七　關於永久築城方式的變化

克勞塞維慈於本章所說的要塞係指十八世紀末葉至十九世紀初期的孤立要塞。就其戰略價值說，欲適用於交戰兵力顯著增大，及攻城兵器的進步有如隔世之感的近代戰爭，實在困難。

又，利用天然、人為的障礙，以為敵不可攻的堅固陣地、設堡陣地等，其價值亦盡失了。

在當時，要塞與野戰軍的陣地完全分離，個別發揮其機能。降及近時，為兩方交戰兵力的增大，與軍用技術的進步，要塞與野戰陣地完全結合為一體，形成築城地域或築城地帶了。

茲將其變遷的概要，列表如左：

順序	名稱	組織	說明
（1）	單一要塞		以負有特別任務的戰略點為核心，於此設置圍廓，其周圍構成圓形的永久設施

(2)		(3)
集團要塞	防禦幕	築城地帶

在爲防止陷於孤立的重要數地點，建設要塞，其間隔，縱爲敵軍侵入，亦不能永久估領，以確保較大的地域，或以數個要塞構成防禦幕		所謂築城地帶，係將若干防禦地帶作併列或鱗次的配置，或以縱深甚大而相連的防禦地帶爲之，其要部係照永久築城的設施構成野戰軍陣地的一部。

第四章　守勢戰略上的對側動作

對側動作，係專指戰略上的側面動作而言，即防者在守勢戰略上對於敵側面的行動，可分爲如左兩種：

一、對敵交通線的威脅　以威脅敵的輸送部隊、補給品儲藏所等，而促進其退却爲目的。

二、對敵退却線的遮斷

但亦有發生此兩種目的複合的場合，亦有不負有擊破敵人的積極任務，而僅爲牽制的場合。

方法	實施的場合		實施的注意
對交通線			
以別働隊截斷敵交通線	(1)在敵交通線延長所掩護不充分的場合		(1)截斷敵的交通線，若不能繼續使其截斷，則效果微小 (2)截斷交通綫時，要考慮其場所的特種情形
	(2)敵交通線暴露的場合	敵交通線與其配備正面不成直角的場合	
		交通線通過我領土內的場合	

的威脅	敵前進達於極限的場合，則易截斷其交通綫	（1）敵擊破我軍而不能利用其效果的場合 （2）我軍退却爲敵所不能追擊的場合	（1）不考慮交通綫與兵力的關係等，斷然以多數支隊實行之 （2）依戰略的機動力，使敵退却
退路的遮斷	集結全兵力攻擊敵背後的場合（側面陣地，迂迴）	（1）在本國領土內作戰的場合 （2）在廣大地域作戰的場合 （3）在獨立國的場合	我交通綫須不爲敵所截斷
	分割兵力，以一部威脅敵側背，以一部當於正面（佔領迂迴陣地）	（1）防者的兵力開始即行分割的場合 （2）防者的有形無形的戰力佔優勢而企圖決戰的場合 （3）敵軍前進運動達於極限的場合	不爲敵使用內綫作戰，而使我陷於被各個擊破

此戰略上的對側動作，其有效的場合（時機）有如左三種：

（1）戰役末期。

（2）守者向國內退軍的場合。

（3）能利用國民蠢起協助作戰的場合。

第五章　國內退軍

一　國內退軍的意義

所謂國內退軍係向國內自動的退軍，不用武力而使敵陷於疲勞困苦，自取滅亡的間接抵抗法，即爲保全我戰鬥力，而巧避會戰，但對敵却不斷抵抗，以消耗其戰力之謂。

二　國內退軍的利害

關於國內退軍的利害，如左表：

利	害
(1)攻者戰力的消耗(參照攻擊篇)	(1)被敵侵入，致我領土損失
(2)防者戰力的增强特別爲國內民衆的武裝	(2)給予我精神上的不利影響
(3)攻者因交通綫的延長便招來給養的困難性，而陷於疲憊	(3)戰鬥離脫不適切時，有陷於潰亂的危險性
(4)破壞攻者可利用的宿營地、道路、橋樑等，以阻止攻者的進擊	

三　國內退軍遂行的根本條件

(1)國內退軍遂行的根本條件：

(A)要有廣大的土地。

(B)或有袤長的交通綫。

(2)國內退軍的有利條件：

(A)耕種不繁盛的地方。

(B)忠誠而好戰的國民。

(C)惡劣的季節。

這些條件，足使敵軍的給養困難，不得不爲遠道的輸送，多數支隊的派遣，跟着便招來勤務的繁劇，致成爲疾病的原因。且在另一方面，又可使防者易於對翼側的動作，而陷攻者於疲勞困苦。

四　國內退軍的效果所影響於兵數

敵兵力愈大，其侵入的行程亦愈增大，已不待說。惟伴着兵力的增大，便是侵入困難性的增大。

(1)被認爲增大侵入困難性的因素：

(A)因兵數的增加而發生給養及宿營的困難性。

(B)行進速度的遲緩。

(C)戰術戰略的陣中勤務，所要求於各級人員之努力愈大。

(2)右述各種因素對於守者的退却不無影響，尤以影響於攻者特別重大，其理由如左：

(A)攻者的兵數通常比防者為大。

(B)國內退軍是防者自動的計劃，反之，攻者為應付之，常要準備與警戒。

(C)因退路被破壞與截斷，使攻者的宿營給養益加困難。

(D)為對抗防者國民武裝的蠭起，攻者的各種勤務益加緊重，行進速迅亦因而遲緩。

五　實行退軍的方法

(1)退軍的方向

防者退軍的方向應選定敵的兩側被我包圍(國民的武裝反抗)又能繼續抵抗的國土內部而行之。但在此場合，或應掩護國土的主要部份(心臟部)從直路退却，或讓敵侵入國土的主要部份而企圖逃脫從側面退卻？全視當時的情況而定。

至於防者變換退軍的方向(即退軍路綫之方向的變換)，有如次的價值：

(A)可使敵不能維持其原有的交通綫，即攻者不能不放棄原有的交通綫而編成新的交通線，極為麻煩。

(B)防者如再指導退卻接近於國境的場合，則攻者又不能以原有的姿態而掩護自己的侵略地。

（2）退軍的要領

退軍的要領，可分爲集中的退軍，與偏心的退軍。

集中退軍是指全軍向同一的方向退卻而言。偏心退軍是指向各方向作分離的退軍而言。但偏心退軍易陷於被敵各個擊破，且攻者在戰略的側面施行嚴密的警戒時，亦無弱點可乘。

故通常的退軍皆以集中的方式而行之，惟對敵欲藉所佔領的省縣爲掩護的場合，即可放胆施行偏心的退軍。

附說七 關於俄軍的莫斯科退軍

國內退軍的代表戰例，算是一八一二年莫斯科的戰役，雖說此戰役乃俄軍的自動作戰，但照克勞塞維慈的論述，可把它當作國內退軍的作戰而看。

現在且從日人伊藤政之助氏著：「拿破崙的戰略與外交」一書，摘錄關於拿軍兵力逐漸消耗的狀況如下：

一八一二年概觀

本戰役是拿破崙一生中使用最大兵力的戰役，其結果又成爲彼一生戰爭中最悲慘的一幕。現將此分爲兩個時期來看：

第一期　是進軍期，自六月上旬，至十月中旬。拿氏初期甚得意，但到中間便起不安了。

這個期間的日數，約有一百三十日，行程達四百里。交戰兩回，全勝。

第二期　是退軍期，自十月中旬至同年末，是拿氏的失望時期。這個期間的日數約八十日，行程約四百里，戰兩回，全勝。

以上，即在約二百一十日間，行軍約八百里，經四次交戰，損失兵員約四十五萬，眞是古今稀有的悲慘戰事。

（註）下圖係表示拿破崙兵力漸耗的狀況，其主因是由於不毛酷寒的領土所影響，及挫於執拗的俄軍所採取的游擊戰法。

此次中日戰爭，中國的戰法，即屬此種國內退軍，企圖消耗日軍的戰力，爭取最後勝利。

拿破崙兵力漸耗圖
（1812年8月—12月）

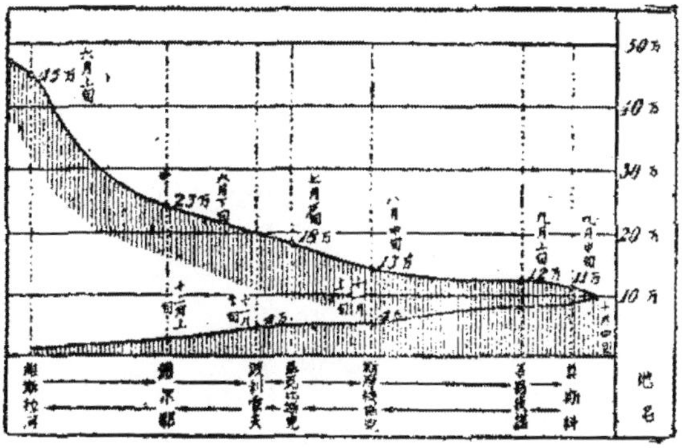

第六章　民衆武裝

歐羅巴國民戰爭的誕生實肇始於十九世紀法蘭西大革命之時，但當時尚有對國民戰爭非議者：有的說民衆的武裝乃爲造成社會革命的一種手段，有礙於國內治安的維持。有的從精兵主義的立場上，評論民衆的武裝必招來國軍戰力的降低。但由於拿破崙戰爭的結果，已粉碎了這種杞憂，並將民衆武裝的效果昭示於世人，使歐洲各國競相實行國民皆兵制度，而收實效。

一　民衆武裝的效果

(1)民衆武裝，若分散蜂起於各地時，其效果更大，並不以在一定的期間，一定的地點集合爲大軍，企圖決戰爲本旨的。

(2)民衆武裝以戰線愈延長，及與敵接觸面積愈廣大，其效果愈增大。

(3)此外，民衆武裝欲發揮其效果，必須具備左列各種條件：

(A)戰爭舉行於國內。

(B)戰爭不以一次的決戰而終結。

(C)戰爭遍及於廣大的地域。

(D)好戰的國民性格。

(E)國土構成於山岳、森林、沼澤及耕地等，尤多斷絕地，可使敵不易接近。此外居民的散處，亦足使敵軍的宿營警戒大感不便，而間接增大其效果。

二 民衆武裝的利用

(1)民衆武裝軍的用法：

(A)武裝民衆往往要隔離戰場使蠢起於攻者不易攻擊的省縣，而侵蝕其側背。

(B)與其將兵力集結於一地，不如使其分散蠢起，使敵難於應付。

(C)使爲正規 的一部担任支援時，極有效力。

(D)民衆武裝軍要力避決戰，採取奇襲的戰法，以擾亂敵軍。

(2)民衆武裝軍的用途：

(A)當爲會戰敗北後的補助手段而利用。

(B)當爲會戰遂行前的自然補助手段而利用。

(戰例)民衆武裝軍的效果，已被證實於一八〇八年西班牙戰役，雖以拿破崙的武略，外交的手腕，結果亦不能掃蕩西班牙民衆的蜂起，使彼常要分散兵力來應付這方面，因而弄至背後不安，這便是他這次失敗的因素。

第七章　戰場防禦

迄上章爲止都是關於國土防禦的論述，其次且就戰場防禦而研究。

一　戰場防禦之兵力運用上的兩種特質

戰場防禦的窮極目的爲打倒敵人，即勝利的獲得。此際作爲戰鬥的對象：第一爲戰鬥力，次爲國土，其他內政外交的各種事件亦成爲重要的對象，但大多以前二者具有決定的支配力。

(1)戰鬥力——以保護本國的領土及侵略敵國領土爲任務。戰鬥力毀滅，則國土亦隨而喪失。

(2)國　土——給養戰鬥力，并源源供給壯丁，國土雖被侵略，戰鬥力却不隨之毀滅。

即保存我軍戰鬥力，殲滅敵軍戰鬥力比我國土的保有還具有重要性，這　戰勝的根本方法。故爲將帥者首應努力的是應如何保持我戰鬥力的優越，及如何殲滅敵戰鬥力。至於國土的保有，雖爲次要問題，亦要顧及之，如果國土放棄得太多，一時雖未必促成兵力的衰弱，然爲時過久，就會使兵力歸於衰弱。

爲達成前者的目的，要努力集結我的兵力，以增大其衝擊力。反之，爲保有國土，則要分割我兵力。

故欲防禦國土，就要開闢數個獨立的戰場，在各戰場集結各個戰鬥以擊滅敵人。

二　戰場防禦的兩種形態

防禦的兩種要素是決勝與待敵。

然此二要素，係依於以何者爲主而產生戰場防禦的兩種形態？

(1)戰場外防禦……（決勝）

係企圖與敵決戰而行防禦，其直接目的在殲滅敵戰鬥力。

(2)戰場內的防禦……（待敵）

係對敵而防禦我戰場。

即很少企圖與敵決戰，而以防禦國土，作爲本身的直接目的。

前者就其原來的性質說，帶有絕對戰爭的性質。反之，後者迴避決戰，單純表現互相監視的狀態，帶有監視的性質。

三　決戰防禦

(1)在陣地企圖決戰的場合

防者在陣地企圖與侵入之敵決戰的場合，則在該戰場的守軍常要施行對自己有利的決戰。於此應注意之點如左：

(A)求兵力的集結，我戰鬥力要形成重點，予敵以澈底的打擊。
(B)適切選擇陣地，以有利於決戰爲主眼。
(C)搜索敵主力的情況。

而在此場合，對攻者可以試用左表所列各種抵抗法：

抵抗的方法	適用的場合
第一抵抗法 防者對敵軍侵入戰場而迎擊之的方法	(1)乘敵兵力分離的場合 在此場合要力求敵情的明瞭，并以斷然的決心，而遂行任務 (2)防者擁有足以實行會戰之大兵力的場合、 (3)攻者的軍事能力拙劣，又優柔不決，而防者可以斷然立取攻勢的場合 (4)我軍的性格，特別適於攻擊的場合 此視乎軍隊之精神的素質或編組而異 (5)缺乏優良陣地的場合 (6)急須決戰的場合 (7)以上諸要因之若干相結合的場合
第二抵抗法 待敵到達某地，然後進出敵前面而攻擊之的方法	(1)防者的兵數幷非劣勢，因之而須構築堅固陣地的場合 (2)其地方適於此種作戰的場合 即防者運動容易，而敵各方面的運動均呈障礙的場合

第三抵抗法 佔領陣地，待敵來攻的方法	(1)防者的兵數處於劣勢，要利用障礙物的場合 (2)該地特別適宜於此種防禦的場合 (3)憑藉設備野營的場合 A特在主要戰略地點的場合 B能期待外國救援的場合 (4)利用國境要塞的場合
第四抵抗法 向國內退軍的方法	(1)我軍的有形、無形的戰鬥力與敵軍比較，認為在國境或附近實行抵抗沒有成功把握的場合 (2)以爭取時間的餘裕為要着的場合 (3)國土的狀況適合於國內退軍的場合

(2)攻者迴避我陣地而欲通過側方的場合

攻者迴避我陣地的正面，欲在我陣地以外求決戰，或欲通過我側方的場合，防者為對抗之，要採取如左各種方法：

區分	方法	利害
一	自始即將兵力分為二，以一隊與敵確實遭遇，以他隊為其應援的方法	第一、第二、第三個方法，皆係對敵企圖決戰而最適合於防禦本來的目的 第一個方法——有陷於各個擊破的危險

二	將兵力集結於陣地，敵若通過其側翼，則急向陣地側面前進而迎擊的方法	第二個方法——坐失戰機，不能充分利用地形等
三	集結整個兵力向敵的側面採取攻勢的方法	第三個方法——遮斷攻者的交通線，同時向其正面及側面施以包圍的攻勢 以第三個方法爲最有效的手段
四	向敵交通線動作的方法	此方法爲我交通線優於敵的交通線時，方能適用，其效果則不能對敵强行決戰
五	向攻者的戰場或國土逆襲，而對敵實行報復的方法	此方法可說是變則的方法，敵不犯有重大錯誤，或不發生其他特殊事故時，則無效果

四　逐次防禦

在企圖決戰之際，結合整個戰鬥力作集中的發揮，至爲必要。

但當爲戰鬥力一部份的土地、要塞等屬於不動的戰鬥力，不像兵力一樣的能自由移動集中。故在不得不活用此等戰力時，就要採取逐次抵抗的方法。

而逐次抵抗的主眼是：

(1)不動戰力的活用。

(2)攻者戰力的消耗。

(A)因戰場的擴大，而招致戰鬥力的消耗。

(B)因會戰的消耗。

於此在未求得我戰鬥力的優越前，就要拖延其決戰時期，以在攻者的戰鬥意志薄弱的場合，其效果尤著。

五　非決戰防禦

攻防兩者均無積極的意志，俱欲避免決戰，僅以收穫可得的利益為滿足時，這便是非決戰之所由生。像這種戰爭，其戰鬥的對象自然限於要塞、土地、倉庫等的略取為其攻擊目標，有時至於僅為保持軍隊的名譽而求戰。在法蘭西革命以前的戰爭悉帶此種性質，將帥競相運用戰略機動之妙，作為文明國家最崇高的戰爭指導。

降至拿破崙則打破此種舊式戰爭思想，強敵決戰，一舉而殲滅之，遂得席捲全歐。於此有人評拿破崙的戰法為「野蠻的暴力行為」，或「兵法的墮落」。但也有人崇拜拿破崙的戰法，却評決戰防禦為不可兩度使用。

但這種方式的變化不僅基於戰爭性質的變化，且由於社會情形的變化，即非決戰防禦的施行，是由於社會各種情形不要求軍隊作劇烈的決戰所促成。

次就非決戰中防者的對應處置而說，有如左表：

攻者的攻擊目標	防者的對應處置	說明
略取無掩護的要塞	佈陣於要塞前方而掩護此要塞	（1）敵不求與佈陣於要塞前面的我軍決戰，則不會攻略我要塞，且我可利用要塞作為補給品儲藏地 （2）防者佈陣於要塞後方時，則要塞有被敵圍攻之虞，且有受敵奇襲的危險
不行決戰而佔領地域或略取大倉庫	依戰線的擴大而掩護國土	在此場合以地理的價值為大即兵力的不足，要利用天然的障礙物與築城來補足，而此種抵抗，僅適宜於相對的防禦，而不適宜於企圖決戰
	以側面行進而迅速到達攻者的前方，遮斷其侵入	（1）佔領長大的陣地線，尚未能將其國土的一切出入口悉行佔領時 （2）防者豫期敵軍主力來攻，為對抗之，必須集結我主力時 （3）不使兵力膠着於長大的陣地線，而作機動的指導時 此等時機雖可利用，惟以對於抱有積極企圖之敵，則會失掉應戰之機

帶有重大危險而可收若干成功的戰鬥，例如戰利品的獲得及軍隊名譽的保持	
迴避不利的戰鬥	
	併用防禦的攻擊手段 （1）對敵交通線的動作 （2）向敵地游擊（報復或掠奪物資）或誘擊 （3）對敵兵團及哨兵攻擊或恐嚇

而此種戰鬥，以交通線具有極大的價值，各將帥尤要奮力乘其弱點。

第七篇　攻　勢

攻勢

- 戰略攻勢
  - 戰略攻勢的性質
  - 戰略攻勢的手段
  - 戰略攻勢的對象
  - 戰略攻勢的極點
  - 敵戰鬥力的殲滅
- (1)會戰
  - 攻擊防禦陣地
  - 攻擊要塞
  - 攻擊舍營中的敵軍
- (2)機動
- 3)小戰
  - 誘擊
  - 對輸送隊的攻擊
- (4)戰場攻擊
- 對勝利的觀察

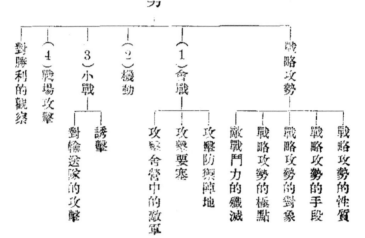

第一章　戰略攻勢

一　戰略攻勢的性質

(1)戰略攻勢是攻守兩種行動的不斷交替與結合。

戰略攻勢常伴着防禦，正如戰略守勢不是絕對的待敵和防止，常爲擊滅敵人而伴着攻擊的動作，因爲：

(A)攻擊欲連續且一氣呵成，以達成目的是不可能的，其間必有休止的時間

(B)進攻所擴大的背後地域，跟着便要特加掩護。

卽戰略攻勢是攻守兩種行動不斷的交替與結合。

(2)戰略攻勢中的防禦是攻者所犯的弱點。

(A)戰略攻勢的防禦足以拘束攻者的突進，此際的防禦不獨不足以强化攻擊，反會牽制攻者的行動，及消耗其時間，徒足增加防者的「準備之利」。

(B)戰略攻勢的防禦比一般防禦爲易敗的作戰形式。何故？因爲攻者不能享受戰鬥的準備、地形的熟識與利用等防禦上的利益，全陷於被動的地位。

二　戰略攻勢的手段

戰略攻勢的手段通常限於戰鬥力。

要塞的利用、民衆的協力、同盟國的援助等等，雖可期待，但在如左特種場合，一般則不能認爲攻勢的手段。

(1)戰場附近的本國要塞　因侵入敵地後而減少其效東。

(2)民衆的協力　敵國人民除對自己的政府抱有敵意者外，一般不會期待我軍的到來。

(3)同盟國的協助　僅能取得與我有特殊關係的同盟國的援助。

三　戰略攻勢的對象

戰略攻勢的對象是國土。

戰爭不論攻守均以屈服敵人爲目的，及殲滅其戰鬥力爲手段。

防者爲殲滅敵戰鬥力而轉移攻擊，攻者爲殲滅敵戰鬥力而侵略其領土。故戰略攻勢窮極的對象是敵的國土，卽一省縣、一地帶、一要塞亦爲其對象。而此等土地對於勝者，在締結和約之際，便發生由自己的佔有，或有與其他利益作交換的價値。

四　戰略攻勢的極點

攻者絕對的戰鬥力的逐漸減弱，係由於左列各種原因：

(1)爲保有侵略地，須分兵佔領之。

(2)爲使交通線安全，不障礙糧食的補給，必須佔據其背後各要點。

(3)因戰鬥及疾病的損耗。

(4)因策源地的遠隔。

(5)因攻圍要塞及攻城的損耗。

(6)因人力的疲勞。

(7)因同盟國的背叛。

固然攻者戰鬥力的減弱有此諸原因，但防者戰鬥力並非可以避免其減耗，雖然攻者尙有其他原因足以加强自己的攻擊力(如防者的戰鬥力較攻者更減弱之時，便足以消除攻者減弱的原因)。但在比較計算上，攻者非經常保持優越，則不足以發動攻勢，萬一優勢失掉，防者便可突然轉爲逆襲，此時攻者以減弱後的戰鬥力來對抗之，通常極爲困難。

我們所謂戰略攻勢的極點卽指此。所以在採取攻勢之前，常要正確判斷我戰鬥力，幷徹底地考慮到這個極點。

五　敵戰鬥力的殲滅

(1)敵戰鬥力的殲滅是目的達成的手段

正如左述，敵戰鬥力的殲滅是有各種不同的程度：

(A)僅殲滅爲我所必要的部份。

(B)盡量殲滅敵人。

(C)以殲滅敵兵力爲次，以保存我戰鬥力爲主。

(D)僅在有利於我的場合，企圖殲滅敵人。

(2)殲滅敵戰鬥力的唯一手段是戰鬥。

用戰鬥方式，來殲滅敵人，有和左兩種方法：

(A)直接的方法　卽以會戰一舉而殲滅敵人。

(B)間接的方法

(a)佔領敵要塞或敵國的一部。

(b)佔領沒有敵軍守備的省縣。

(c)藉機動將敵人驅逐出於其佔領地區。

這些方法，都是間接殲滅敵戰鬥力的方法，其效用，在會戰上無絕對勝利的把握，僅能適用於戰爭中的動機微小及不能企圖決戰之時。

以上係就戰略攻勢的性質而研究，現再將其列表如左：

戰略攻勢

- 戰略攻勢的性質
  - 戰略攻勢是攻守兩種行動不斷的結合和交替
  - 戰略攻勢的防禦是攻者所犯的弱點
    - 牽制攻者的行動
    - 比一般防禦易敗
- 戰略攻勢的手段
  - 通常僅限於戰鬥力
    - 少得
      - 本國要塞
      - 民衆的協力
      - 同盟國的援助
- 戰略攻勢的對象是敵國的領土（未必以全國領土爲對象，即一省縣，一要塞亦爲其對象）
- 戰略攻勢的極點
  - 攻勢亦有極點，若達於極點，則攻者的優勢喪失，防者轉爲逆襲。

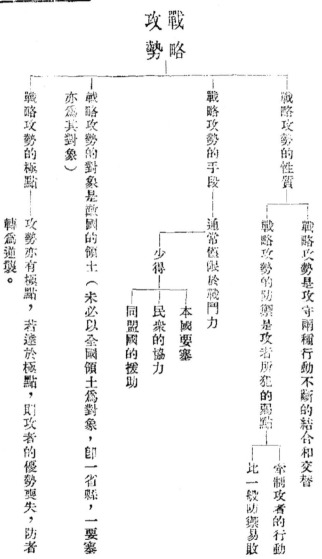

第二章　攻勢會戰

一、攻勢會戰以施行包圍迂迴，主動指導會戰爲特色。防者對攻者的包圍迂迴，亦企圖反包圍，幷謀陣地的強化，但輒易陷於被動或因缺乏沉着，而過早放棄陣地，致陷於不利的態勢。防者放棄守勢的性質，將會戰導致爲半遭遇戰時，則攻者愈可發揮其利益。

二、攻勢會戰以愈接近於本國國境，對於攻者愈有利，且其作戰亦可放胆施行。

三、攻勢會戰，以勝敗的決定愈迅速，對於攻者愈有利，但過急則易陷於兵力的浪費。又，防者對此必努力拖延勝敗的決定，而取得時間的餘裕。

四、攻勢會戰多因對敵情無確實明瞭，致增大兵力的集結、及迂迴運動的重要性。

五、追擊會戰是攻勢會戰不可缺的部份。

在攻勢會戰上，敵我均取攻勢時，變爲遭遇戰，若敵處於被動時，則變爲對防禦陣地及要塞的攻勢。

一　攻擊防禦陣地

一、對佔領防禦陣地之敵施行攻擊時，必須注意左列各點：

（1）判斷防禦陣地的性質，以決定我的對策。

(A)能否不攻擊防禦陣地，可達到目標？

(B)能否以機動，使敵軍受威脅，不得不放棄陣地？

(C)此等手段均無效果時，始可決心放棄對陣地的攻擊。

(2)攻擊防禦陣地，以攻擊其側面爲有利。

應考慮彼我兩軍退却線的狀況及方向，以決定攻擊正面。

此際以給予敵退却綫的威脅爲第一義

二、對設堡野營、及單線式防禦線的攻擊

克勞塞維慈係各闢一章以討論對「設堡野營的攻擊」，及「單線式防禦線的攻擊」，但此種陣地已不見於今日，在强靭的近代戰上，這種陣地已消失其價值了。

二 攻擊要塞

一·攻擊要塞的戰略目的

攻擊要塞是要冒最大的危險的，它的一般價值如左：

(1)攻略要塞，足使防者喪失防禦力量，尤以防禦力所構成的主要部份爲然。

(2)攻者於佔領要塞之後，可利用其倉庫、及物品儲藏所等，又可用以掩護舍營及佔領地等。

(3)轉爲守勢時，要塞成爲防禦的據點。

但攻擊要塞的戰略目的，常依戰爭而自異。

為遂行對敵大決戰時，非從事攻城不可，但要在如左的場合方可企圖要塞的攻略。

(A)為使攻擊進展，不得不強行攻堅的場合。

(B)抱有在會戰結局後鞏固佔領地的目的場合。

反之，以小攻略為目的的戰爭，攻略要塞則成為戰爭本身的目的（即不妨以此當作獨立的小征服）。

而此際所選定攻略的要塞，必須考慮左列各種條件：

(A)所攻略的要塞，於佔領後是否容易確保？

(B)攻略要塞的手段（或工具）是否充足？

(C)要塞的築城設施是否鞏固？

(D)要塞裝備的程度及守備兵的強弱究竟怎樣？

(E)攻城材料的輸送，其困難程度如何？

(F)攻城時容易取得掩護否？

二・掩護攻城

掩護攻城的方法有二：

(1)直接掩護——背壘線的方法

此係攻者為對付敵要塞的外來援軍，而構築堡壘於要塞的四週以封鎖之之謂，這個方法係用於同一部隊實施攻城與攻城掩護之際。

(2)間接掩護——監視線的方法即攻城軍設置監視軍，以對抗敵援軍的方法。

但用背壘封鎖線的方法，足使兵力陷於分散，又不便於機動及兵力集結，迄今已完全廢除了。

(註)本章所說要塞的攻擊係以防禦篇所述的獨立要塞爲對象，因之與現時列强構築於國境或國內之永久築城的攻擊，全異其趣。

三　攻擊舍營中的敵軍

一、攻擊的對象

攻擊在舍營中之敵的對象，不是以襲擊各個舍營爲本體，乃以妨害敵軍之集中爲目標。

於此所謂舍營攻擊，不是指襲擊孤立的敵軍舍營，或襲擊分散於數村落的敵軍一小部隊而言，乃指對敵以大兵力舍營於廣大地區時實施戰略的攻擊而說。

二、舍營攻擊的利益

(1)敵爲對抗我，不得不向後方另選集合點，於是我可一舉而奪取敵所佔領的土地。

(2)憑一部份舍營地的奇襲，而促進全般的成功。

(3)先敵而集結，擊破其局部。

(4)憑奇襲一時使敵陷於沮喪，其結果足使敵不得已退軍，至於放棄廣大的土地。

攻擊舍營中的敵軍，雖有以上種種的利益及在作戰奏效時可收莫大的戰果，但與舍戰所得的効果比較，其價值甚微。

(註)現今由於各種搜索機關的發達，使大軍的奇襲極感困難，即在駐軍時依於有力之前哨部隊的配置，欲達到舍營攻擊的成功亦屬不易。但在會戰之初，企圖乘敵軍的集中未完畢而奇襲之，亦有見於近代戰史的事實。

第三章　機　動

一　機動的意義

機動係迴避會戰，彼我在均衡的狀態所進行的兵力角逐，依我的行動，造成有利於我的機會，或誘敵侵犯過失，而利用其効果之謂。

中世紀的兵術稱爲玩將棋，實乃競相運用巧妙的機動。

二　機動的對象

(1)奪取或破壞敵給養手段的全部或一部。

(2)集結我軍各部隊。

(3)威脅敵國內或軍與軍閤間的連絡。

(4)威脅敵退却線。

(6)以優勢兵力攻擊敵孤立地點。

以上是直接機動的對象，其影響在一切戰況中均成爲彼我優劣的決定因素，又成爲一定期間之諸事物運動的中心。在此時機，每有一橋梁、一道路、一野堡等均成爲作戰的目標，負有重要的任務。

三　機動的形式及其對立

(1)包圍形與內線形

(2)兵力的集結與分散

戰略機動若一方先開始，則他方亦應之而生反對的機動，驟看之似是兩種不同機動的對立，如包圍與內綫，集結與分散是。這些動作，在使用上究竟以何者爲利爲害，爲優爲劣，殊難斷定。況且戰略機動又不爲任何方式與原則所拘束。要之，我有優於敵的活動力，并有正確的行動，整齊的秩序，嚴肅的軍紀，無比的勇敢，無論何時何地施行機動，必可大獲利益。

(註)本章所說的機動與現今兵學界所常用的機動概念，完全不同。正如克勞塞維慈的話，此機動是迴避與敵會戰，依巧妙的軍隊運動者威脅敵退卻綫，或遮斷敵與後方的連絡等，使敵不得已放棄陣地，向後退避。中世紀的兵術，係以此種理論構成，故不發生慘重的流血，而以巧妙的指揮爲主體。在現今，這種機動方式（當爲戰畧手段之一）雖有採用之時，

其目的僅是利用為會戰的補助手段而已。

第四章　小戰

一　誘擊

誘擊及對輸送隊的攻擊通常是用於不企圖大決戰時的方法。

一・誘敵的意義

誘擊係以我一部的行動將敵的兵力，誘離於主要地點作戰之謂，為欲誘致敵兵力，我行動的對象要：

(1)攻其要塞、大倉庫、及富庶的大都市、首都等。

(2)向敵國徵收各種稅捐。

(3)援助敵國對政府不滿的人民。

而此等對象務要具有引誘敵兵力的價值才可，且我用以誘擊的兵力，要比敵人分離的兵力為寡少，方為有利。又，若誘擊失效時，則我要受重大的損害。

二・誘擊應具備的條件

(1)誘擊的主要條件　係使敵因我的誘擊，而致把比我用以誘擊的更大兵力分離於主要戰場。

（2）欲使誘擊有利，自始須具備有左列條件：

（A）用以誘擊的兵力，不會削弱我主攻的效力。

（B）可依誘擊而威脅防者最重要的地點。

（C）敵國人民對本國政府不滿。

（D）施行誘擊之地，應富有軍用資源。

若因誘擊而致分遣大兵力，於攻者決無多大效果可言。

又，戰爭的性質不近於大決戰，則利用誘擊的機會愈多，但在此場合的誘擊，僅成為活用其他無用途之兵力的一種手段，自難取得偉大的效果。

三．誘擊的實行

（1）誘擊為真實的攻擊時，即要出以大膽神速的行動。

（2）誘擊的目的為欺騙敵人時，必須將兵力作分散的使用，此際所惹起的抵抗，應採取某種應付手段，全視將帥洞識敵將性格，敵軍狀況，而作機宜的決定和處置。

（3）用於誘擊的兵力很多，而我退却綫又有數路，則以控置豫備隊為絕對要件。

二　對輸送隊的攻擊

對輸送隊的攻擊，從戰術上看似易行，但從戰略見地觀察，則難成功。其理由是：

（1）輸送隊的行動通常可依整個戰略的諸關係而取得掩護。

(2)為此，攻者要深入敵地，其戰略效果要看擾亂或破壞敵輸送隊的程度而定。

(3)常遇敵輸送掩護隊的抵抗。

(4)引起敵軍的某一兵團向攻者報復。

在此場合，攻者將要一敗塗地。

但軍隊因戰略關係，不得不把必要品交由輸送隊補給於側面或前方，此際輸送隊便成為攻擊的有利目標。

第五章　戰場攻擊

企圖與敵決戰的戰場攻擊，與不企圖與敵決戰的戰場攻擊，其目的、對象、方法等自然不同。

現將此兩場合作比較研究，列表如次：

	企圖決戰的場合	不企圖決戰的場合
攻擊目的	攻擊的目的是為獲得勝利	其目的自被限定
成立狀態	(1)我兵數優越，且精神的要素亦優越 (2)不期與敵遭遇	(1)我戰鬥意志及戰力雖不充分，亦有戰略攻擊的意圖時 (2)彼我通常處於均衡狀態

攻擊對象	攻擊直接的對象是敵戰鬥力的毀滅，但目標要指向着敵背後的重要道路	(1)國土的一部 (2)倉庫 (3)要塞 (4)有利的戰鬥（為名譽而戰鬥）勝算相當大，縱失敗亦無多大損害的戰鬥
攻擊方法	(1)兵力分割雖可行，但要向同一目標集中戰力 如縱隊間要選擇於協同動作的可能範圍 (2)對於退路及交通綫，務要擴展自己的攻擊正面，而行自然的掩護（使近於直角）	(1)威脅敵交通線，使其給養困難 (2)佔領堅固陣地及支配大都市、豐饒地帶，與有叛亂之兆的地方 (3)威脅同盟國中的最弱國

第六章　對勝利的觀察

一　勝利的極點

曠觀古今戰史，勝者未必能夠完全擊滅敵人，往往在未完全擊滅的狀態中，即行結束戰爭。又，戰勝雖足以增大勝者的優勢，却有一定的限度。有時此種程度小，有時在會戰的幾個結果上，也僅能增大勝者精神的優越而已，這就是說攻者的勝利自有一定限度。

二　攻者戰鬥力變化的主因

攻者侵入敵地時，其戰鬥力變化的主因，正如次表，反之，則成爲防者戰鬥力變化的主因。

軍事行動進程中，彼此戰鬥力所發生的變化，皆相因而成，一面起互相減殺的作用，另一面發生方向反對的作用。

但敵軍士氣的緊張與沮喪全繫乎攻者作戰指導的巧拙，其影響於戰勝亦極大。

强化攻者戰鬥力的原因	弱化攻者戰鬥力的原因
(1)敵戰鬥力的消耗 (2)敵倉庫、糧秣儲積所橋梁等的破壞損耗 (3)佔領敵新戰鬥力泉源的省縣 (4)取得敵權的利益 (5)破壞敵國內部的團結及妨害其有秩序的運動 (6)使敵同盟國叛離 (7)使敵軍志氣沮喪	(1)須攻擊封鎖或監視敵的要塞 (2)侵入敵領土後，戰場性質隨之變化，一切事物對我均帶有敵意 (3)我軍逐漸隔絕自己資源，反之敵軍則愈與其資源接近 (4)被侵國陷於危殆時，可引起其他強國的援助 (5)敵常在緊張中，反之我軍則以勝利之故，士氣反趨弛緩

三　攻者優勢的極限

在攻擊戰上，戰鬥力變化的狀況，已如前述。一般攻者為要確保勝利及繼續前進，則會使最初所擁有的優勢與由勝利所獲得的優勢傾向於削弱，但我們則不可害怕此優勢的逐漸削弱，蓋戰勝的目的為殲滅敵人，而我優勢不過為達成此目的之手段而已。

但另一面，我們必須知道我戰鬥力的優勢是有限度的。倘若超越了這個限度，猶在進行戰事，不特不能取得新的利益，反易招來敵逆襲之害。所以攻者若達於優勢極限，而改取守勢時，就要竭力爭取彼我的均衡。

但此際的防禦，既不能享受本來防禦的利益，且極呈易被攻破的形勢。即此種防禦，在防禦的各種利益上，所能享受的僅為士地的利用，却不易建立防禦組織完備的戰場，民衆對我挾持敵意，亦極少有待敵之利，故此種防禦可視為攻者優勢的既失。

四　勝利極限的確認

當策定作戰計劃之際，攻者欲行不企圖超出戰力以上的事，防者欲乘攻者犯此過失時，則非確認勝利的極限不可。

現為確認勝利的極限，且把將帥應參酌的諸對象列舉如左：

(1)敵軍在最初的衝突所表現結合力的强弱。

(2)對敵實行資源封鎖及截斷連絡所能給予的影響。

(3)敵軍士氣的消長。

(4)列國政治的結合關係能否變化。

故將帥非憑自己的高明判斷力，以辨別此等事情而策定作戰計劃不可，但此等對象頗為錯綜複雜，非上智者不能決定之。就一般情形而看，當作戰實施時，有些將帥因感於危險與責任的重大性，而躊躇逡巡，未達目標卽停止不前。至富有勇氣與前進精神的將帥，則因超過目標以上，而遭損失。

第七章 攻守上地形對於戰略的影響

地形為戰略上的一個要素，影響於攻守極大。在某個時代對於地形曾有過分的評價，把戰略上的重要地形，稱為「國土的鎖鑰」。亦有認為佔領其土地便足以結束戰爭的時代。

克勞塞維慈在攻守兩篇裏論及地形對於戰略的影響之點很多，現為便於比較研究起見，我特歸併於本章而紀述之。

一 山嶽

一・山岳防禦的價值

山岳影響於用兵至大，就中如使攻者行動的不便，及强化局地小部隊的抵抗力，往往使以山岳防禦的防者處於絕對有利的地位。但因軍隊機動力的增大，使攻者易於實行迂迴，防者爲對抗之，就要延長和擴大陣地綫，其結果，正面便陷於處處薄弱，予攻者突破其要點。因此山岳防禦的價值有再加檢討的必要。

現將山岳防禦的利害比較，列表如次：

戰術的利害

（利）
（1）可以强化局部的抵抗力
（2）可使攻者的行動困難，並妨害其交通

（害）
（1）爲轉取攻勢，從後方進出前方，則缺乏道路
（2）對於地方的狀況，及敵情等的展望不能自由
（3）被敵迂迴，則退路有被截斷的危險

戰略的利害

（利）
（1）山地一般具有獨立性，若佔領之，則不易被攻陷
（2）山地的特性可以在其邊緣俯瞰廣大的地域，且山地內部，敵因搜索困難，足以祕匿我企圖，因之在接續山地的地方，對於戰略亦能發生支配的影響
（3）戰略具有柵牆的價值，既可使敵兵力向橫的方向分離，且以惡劣的道路及季節等，又可使敵兵力向縱的方向分離
（4）利於民衆的蜂起
（5）妨害攻者的交通綫，使其給養困難

（害）
（1）爲對抗敵的迂迴，要擴大陣地正面，其抵抗則爲被動的
（2）我交通線易受敵迂迴部隊的脅威

要之，山岳防禦不論在戰略上或戰術上均不利於企圖決戰的。但在次要的任務及目的上，山地則可增强我戰力，能耐强靱的戰鬥

二．山岳防禦的要領

山岳防禦的配備方法有兩種形式：

(1)爲險峻傾斜地的防禦

(2)爲狹隘溪谷地的防禦

溪谷防禦縱不能直接配備於山背時，亦可利用整個山地爲防禦手段。

故一般山岳的高度愈大，則跋涉愈困難，其效用亦愈大。反之，則足以增大我退路易被截斷的危險。

此等防禦，其兵力通常係分割配備於各部份而實行戰鬥的。

山岳愈險峻，則左右聯繫愈困難，兵力分割的程度亦愈大。故非强化各陣地之戰鬥力的獨立性不可。

三．關於山岳攻擊

關於山岳防禦已如上述，至於山岳攻擊有以決戰爲目的而施行的場合，亦有當爲次要的目的而施行的場合，茲就此兩場合來研究，可得如次結論：

(1)以決戰爲目的時，則一切障礙於攻者有利。

(2)在次要的戰鬥上，一切障礙對於攻者不利，惟在不得已時可行之。

這個結論，一看即知錯誤。惟見於戰史上山地的會戰，其窮極的勝利，結局恆屬於

攻者（一七九五、九六、九七年的意大利諸戰役）

山岳攻擊的要領，概屬戰術上的問題，次述及與戰略有深切關係的幾點：

（1）在山岳地帶，要以廣大的正面前進，惟不易作適時的縱隊分割。

（2）對敵廣大的防禦綫，則集結我兵力，擊破其翼側爲有利。

（3）迂廻極爲有利，其目標要指向於截斷敵方交通綫。

二　河　川

一．河川防禦的價值

河川與山岳地帶同屬戰略上柵牆的一種，足以增大防者相對的抵抗力。在相對防禦上的河川，正面較山地爲堅固，惟因缺乏柔軟性，突破一點時，則河川的整個防禦組織立呈崩壞。

在決戰防禦上，河川較山岳防禦易於利用來遂行卓越的作戰計劃（山岳則不適於決戰）。

但河川與山岳同爲險要，且同有誘惑性的地形，容易欺騙敵人，使爲錯誤的處置，而陷於苦境。

二．河川防禦的要領

（1）河川防禦作戰　河川防禦，須依左列目的而施行之：

（A）以主力作絕對的抵抗——決戰防禦。

(B)僅作僞裝的抵抗。

(C)以一部兵力（如前哨、分遣支隊等）作相對（比較）的抵抗。

爲達成此等目的，防者要實施直接配備，間接配備，及敵岸的直接配備。

區分	直接配備	間接配備	敵岸直接配備
一般要領	直接配備於河岸，以妨害敵的渡河 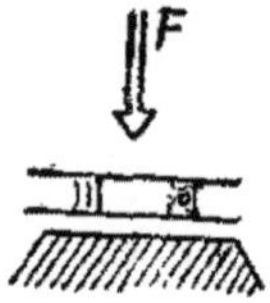	相當隔離河岸而集結主力，乘敵半渡，出以適時的攻擊 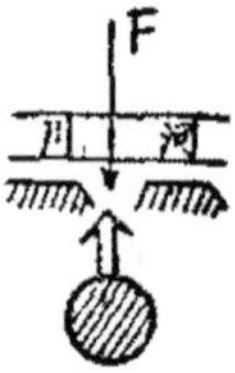	在敵方河岸，佔領不可攻的陣地，以妨害敵的渡河 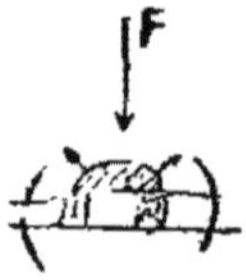
適用條件	(1)水量豐富的河川 (2)利用河川而行持久戰	(1)含有較小的河川及斷崖的河川 (2)決戰防禦	(1)富有水量的廣大河川 (2)可用爲以上二種防禦的（直接與間接的）補助手段

配備上的注意	(1)直接在河川的近傍行集中的配備 (2)長大的河川 (3)考慮河川的狀況 (4)破壞渡河工具 (5)注意河川兩岸要塞的利用	(1)不配備於河岸的全綫，而限制防禦的主力，須集結配備於河川若干距離的後方 (2)準備乘敵半渡，而轉爲攻勢 (3)兩岸的情況影響於配備的決定很大	(1)在敵岸佔領不可攻的陣地 (2)威脅欲渡河之敵的交通綫。但我的交通綫亦有危險，故要注意其安全
弱點	(1)陷於單線式配備，則易被突破 (2)對迂迴的抵抗力小 (3)對於翼的據點不易發見 (4)爲擊滅敵人而出擊不易	(1)易使戰鬥力過於分散 (2)不易發見敵的眞渡河點 (3)敵易實行陽渡河	(1)對優勢而果敢之敵，則防禦的效果較小

以上三種方法，又可當爲牽制防禦的方法而利用之。因爲此種大河不僅易用以欺騙敵人，且要求於攻者欲行渡河須有相當龐大的準備。

(2)河川影響於國土防禦

凡含有大小各種溪谷的大河，縱不直接用以防禦，亦可作爲國土防禦上的天然障礙，具有特殊的價值。

場合	價值
河川與戰略正面成平行的場合 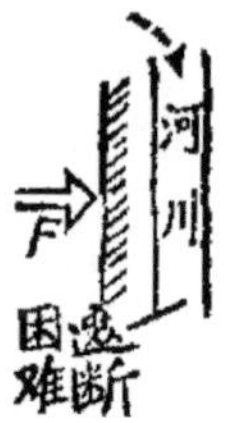	防禦軍於背後不遠的地點，佔有大河，且佔有多數安全的渡河點場合 為掩護渡河點，雖被剝奪了多少運動的自由，但戰略的背後，就中以交通線在一般平地的會戰上較為安全 然陣地與河川的距離過大時，其利消滅。至太與河川接近時，其交通線亦不安全
同上 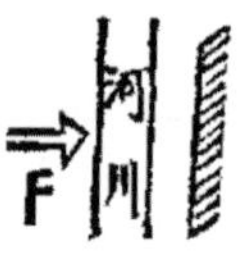	此種防禦的利益，可以威脅背控大河而前進的攻者交通線，關於利用河川的防禦，已如前述
河川成直角而流的場合 	防者之利 (1)以河川為據點，可利用向河流直角流入的溪谷 (2)攻者要放棄兩岸之一方而前進，或分兵為兩部份前進。反之防者則可適用其安全的渡河點，可適時轉用全兵力 攻者之利 河川可利用為輸送路，但要考慮防者可用要塞以遮斷航路

(三)渡河作戰

渡河作戰的弱點在於渡河之後，交通線受敵威脅，而致行動受束縛。如不顧慮此點，乃企圖決戰，或遇敵轉為攻勢時，就要陷於極危險的境地。

成為防者之利，就是乘我（攻者）的半渡而擊之，其抵抗却缺乏堅韌性，若我抱有徹底的意志及擁有優勢的兵力時，便可乘敵的弱點，有利地遂行渡河作戰。反之，我若缺乏之積極的意志，則河川成為有力的障礙，因而中止渡河。縱然完成渡河，亦將停止於河岸，不敢向前遠進。

渡河攻擊有兩種方法：

(1)出敵意表，由無配備的正面實行渡河的方法。

(2)敵前渡河，强行決戰的方法。

攻者為謀渡河容易，常講求牽制渡河（如陽渡助渡），以分離敵之兵力，或乘敵配備缺陷之點而强行渡河等方法。

三 沼澤、汜濫

一、沼澤防禦的特質

(1)除堤道以外，步兵不能通過的沼澤，比任何河川的障礙還要大。

(2)但與河川不同之點，是不易將敵的渡涉工具給予完全破壞（如敵所築的堤道等）。

依上述兩種特質而觀，沼澤防禦比河川防禦較帶有局地及持久的性質。

二、沼澤防禦的要領

沼澤防禦的方法，有直接配備，與間接配備兩種。

但沼澤因無河川的絕對障礙，故直接配備未必有效。

又，對岸配備，必須通過沼澤，因此，費時頗大，且背後交通綫亦有被截斷的危險。

三、沼澤地帶的攻擊

對沼澤地帶，施行戰術的攻擊，特別困難，尤其在幅員廣大的沼澤，欲用炮兵掩護渡涉，亦不可能。

所以攻者對此沼澤地，務要出以迂迴方可。然在冬季，沼澤地帶則全無障礙，足給予攻者以有利的機會。

四、氾濫

氾濫的性狀，類似大濕地或大沼澤，其影響於防禦係依當地的狀況而變化。又，成爲戰略問題上的大氾濫則不多。但表現於荷蘭戰史上大氾濫的利用，實的發揮了難攻的價值。

四　森林

森林的戰略價值，係依森林的性質而起重大的變化，茲分爲如下兩類來研究：

(1)樹木稀薄、道路多有，可供通行的面積廣大的疏林（或譯植林）。

(2)樹木繁茂、通過困難的密林。

一、利用植林的防禦

此種防禦必須置防禦線於森林背後，或極力避免之。若不避免之，而置防禦綫於森林的背後，則須注意到我射界不受遮蔽，且容易祕匿我的配備。

二、利用密林的防禦

利用密林的防禦，分爲間接的配備與直接的配備。

(1)間接的配備　即將軍隊集結於森林的後方，乘敵進入森林的隘路，乃卒然攻擊之，但敵可利用森林以行退却，欲殲滅之不易。

(2)直接的配備　利用森林作直接的配備未必有利，縱在極難通過的密林，如爲敵小部隊所侵入，亦不會發生作用，正等於滴水的侵蝕堤防。

此外，森林亦可利用作爲民衆蜂起的據點。

三、森林地帶的攻擊

森林比河川與沼澤地，則無絕對的障礙力。如在面積不大，樹木不密的森林地，其中必有多條道路，可供突破之用，遂行有利的戰鬥。

但在森林蔽天的國度，則不便於攻者的作戰，尤以敵方小部隊不時的出擊，更足以威脅攻者的交通綫。

五　國土的鎖鑰

以上係就影響於戰略上之各種地形的特質，加以簡單的探討，最後且就國土的鎖鑰之地形上的概念給予一瞥。

十八世紀的兵學界，因過高評價高地的結果，遂以山岳的分水嶺，或大河的水源地帶，而可制他國死命的地點，稱為「國土的鎖鑰」。

此種思想，以拿破崙的出現而被打破，但在歐洲各國，此種思想久經流行了。

僅憑一地帶的佔領即足支配其全國的見解，已屬荒謬。現今只有此種見解：假定一國有一個地方，如未佔領這個地方，而貿然侵入敵國極為危險，這個地方，稱為「國土的鎖鑰」。

即作為這種陣地特質的要件，可列舉如左：

(1)此陣地所配備的戰鬥力，可依地形之助，而增強其戰術上的抵抗力。

(2)足以給予敵交通綫重大的威脅。

(註)克勞塞維慈在本章的論說，主要的係就西歐各國的國土、地形來解說，關於地形，尤以雄大的東方作戰地，又當另作觀察。

廣漠不毛的原野，大沙漠地帶，大積雪地等可供作研究的對象頗多，且表現於國土接壤的關係上，又不像西歐諸國的狹小密接。尤以近時各種戰鬥兵器的進步和發達，對於此等地形又給予特種的戰略價值。詳且留待將來研究。

第八篇　戰爭計劃

- 戰爭計劃
  - 戰爭計劃的一般性質
    - 戰爭計劃的意義
    - 絕對的戰爭與現實的戰爭
    - 政治的目的及努力的大小
  - 戰爭目標
    - 征服敵人
      - 征服的一般目標
      - 征服應具備的條件
      - 征服的方法
      - 守勢作戰的目標
    - 限制目標
  - 戰爭所受政治的影響
    - 政治的目的影響軍事的目的
    - 戰爭乃政治的一種手段
      - 戰爭所受政治的支配
      - 政治與統帥
  - 戰爭計劃的策定
    - 絕對的戰爭（殲滅戰爭）
    - 現實的戰爭（持久戰爭）

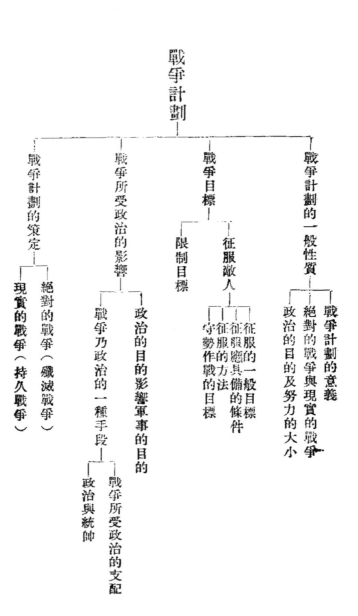

第一章　戰爭計劃的一般性質

一　戰爭計劃的意義

凡戰爭開始之先，必須檢討戰爭的意義及目的，以策定作戰計劃，及確定戰爭遂行的方針，必要手段的範圍與所需力量的分量。

所謂戰爭計劃，係總括一切戰爭行爲而成爲一種單一的行動，并確定戰爭終局的目的。

二　絕對的戰爭與現實的戰爭

策定戰爭計劃之際，先要把握着戰爭的性質。

戰爭性質的二重性，即絕對的戰爭與現實的戰爭（亦有譯爲理想的戰爭與實際的戰爭），它的哲學概念，於第一章中已加以研究，本章且就其內部的關聯而說。

絕對的戰爭	現實的戰爭
（1）絕對的戰爭，其眞理可從事物之必然性的理由上來認識之	（1）現實的戰爭，其眞理性的根據，可從歷史中見之
（2）絕對戰爭是一種不可分的全體，而各	（2）現實的戰爭係構成於各個獨立戰鬥的

個戰鬥的結果，對於本身無價值，僅與此全體相關聯始有價值。換言之，可作如左解說： 絕對戰爭〔依各種互相作用而成立 相繼而起的戰鬥成爲一個體系 有勝利的極限點〕一個終局的結果	結果，惟此等戰鬥前後所得的結果，毫無互相影響。而絕對的戰爭，僅是一個終局的結果。反之，現實的戰爭的勝利是數個戰勝的總和
(3)戰爭的遂行 戰爭遂行時，開始就要對戰爭作一個全體的觀察，爲將帥者於前進的第一步，就要決定一切處置的方針及應集中力量攻擊的目標	(3)戰爭的遂行 戰爭遂行之際，於副次的各種利益中，如認爲有獨立的價值亦可追求之。此外的事，縱諉之於事件的自然趨勢亦無妨

右表所列舉此兩種戰爭思想係成立於相對立的觀念，實際上因各種事情的錯綜發生，實不易識別之。而且當爲基本思想的絕對戰爭觀念，又須參照現實的諸事情而修正之。

故不論任何戰爭，非先觀察政治的諸勢力及諸關係的趨向，以把握其戰爭的特質及其輪廓不可。

在這個趨向上，戰爭的特質越近於絕對的戰爭，且戰爭的輪廓越影響及於交戰諸國的全部，將各階層均捲入漩渦時，則戰爭中各種事件的互相關聯越緊密。故不考慮最終的結果（即戰爭目的之達成），簡直絲毫不能有所動作。

三　政治的目的及努力的大小

(1)戰爭上的努力係視彼我政治的要求大小而異，即在達成政治目的所必要的程度之下而努力。

在戰爭的時候，不易測定敵之抵抗力及依此而確定我的目的與手段，所以彼我所用戰爭的手段，亦因左列原因而不同一。

(A)彼我政治要求的大小不同。

(B)彼我國家的形勢及諸關係的不同。

(C)彼我政府的意志力、特質、能力等的不同。

大凡戰爭之事，努力不充分者，不特不能成功，且會發生積極的損害，所以彼此皆要發揮優於敵人的力量，由此便成立一種互相作用。

而此種互相作用，雖可依於彼我的努力而達於最高度，現實上，政治的要求足以抑制此種競爭的意念，將彼我的努力停止於目的達成的程度。

(2)戰爭手段範圍的決定

依於上述，已可明瞭戰爭手段的範圍，自有一定的限度，欲決定手段的範圍時，則要考慮到左列條件：

(A)彼我政治的目的。

(B)彼我雙方的力量，及其他各種關係。

(C)彼我政府及民衆的特質、能力、其他各國之政治結合的關係，及由戰爭所生之不可豫知的影響。

此等各種關係，是交錯而生的，却不易觀察和判斷。誠如拿破崙所說：「代數學上，若遇此種問題，雖以牛頓的碩學，猶有所躊躇。」故對此判斷而不錯誤者，唯有天才將軍的慧眼始能爲之。

上述的戰爭目標及手段，不僅爲其當時的各種狀況所決定，亦爲君主、政治家、將帥等的智力與感情的特質所決定。

由是而觀，可知各時代的戰爭，各有獨特的性質，並受限制於獨特的條件，從而產生獨特的戰爭理論，但不要忽略了它的根本，常由於戰爭的本質所決定，從其根本性質，產生戰爭理論的性質。

如下且就各時代的戰爭特質作一概說：

戰爭史概觀

年代	時代	戰爭的特質	軍制	兵器	戰鬥法
古	希臘諸共和國	此時各共和國間以國土的毗鄰，軍隊的人數亦寡少，互相形成一種自然的均衡，因	皆	防兵 甲冑 楯	密集戰鬥(大集團戰)「佛蘭克斯」步兵的大集團戰鬥時，係以白兵突擊爲主

代（第四世紀止）			中（第五世紀—
	（馬其頓）亞歷山大大帝	羅馬	封建君主（一〇世紀—一三世紀）
之戰爭目的亦僅限於平原的省縣、二三都市的掠奪與佔有	以少數而素質優秀的軍隊，席捲亞細亞，侵入印度即由亞歷山大使戰爭發展為絕對型	羅馬國勢衰弱時，以寡弱的兵力，僅為戰利品與同盟義務而遂行戰爭。迄國勢強盛時，跟着開始侵略的行為，遂完成古今無比的大共和國	查理大帝歿後，各諸侯乘君主的無力而崛起，各以騎士而確立封建制度。但當時的戰鬥，係以腕力與個人的格鬥為主，不適於集團的運動，因之戰爭目的不企圖征服
兵主義（義務兵制）			封建制
攻兵　劍　戟　弓矢　擲鎗　投石機			同
特以意巴米農達斯創始的雁行隊次為有名　亞歷山大又將重騎兵使用於會戰隊次的兩翼，強行決戰		密集戰鬥（小集團戰）「列紀安」將小單位部隊配成三戰列，又以輕捷的運動，而破大集團的「佛蘭克斯」	個人戰鬥　騎士（騎兵本位）個人格鬥的戰鬥法，極為幼稚

近世（第十五世紀一第十六世紀）

	商業都府及小共和國	傭兵時代	考斯道夫（三十年戰爭）
，僅止於「膺懲」的範圍，	使用傭兵的結果，便需巨大的費用，兵數既受限制，實力亦復孱弱，因之戰爭遂大大喪失其危險性	由於封建制度的衰頹，形成領士統一的國家，遂使身分上服從關係，變爲物質上服從關係，封建軍隊變爲傭兵軍隊，在三十年戰爭前，兵的素質仍是如此，自然使戰爭傾向於政治解決，迴避決戰，	在三十年戰爭時代，各國雖以傭兵制度交戰，但瑞典王考斯道夫卽用本國兵編成軍隊，常以寡擊衆，而實行決戰
	傭兵制	同右	同右（國民兵制）
	右	火炮 火繩鎗	燧發鎗 野炮
	密集戰鬥 成爲步兵本位制	梯隊戰術 因火器的發明，使騎士戰鬥的威力，隨之衰頹，乃產生梯隊戰術，所謂梯隊戰術係先以實施火戰的鎗手開始火戰，繼以第二線鎗手實行接戰突擊	梯隊戰術 產生步騎炮三兵種，特以考斯道夫炮兵用法劃一新時期

古（至第十九世紀初）		近世 第十九世紀以降
路易十四世	七年戰爭 腓特烈大王	（法蘭西革命） 拿破崙一世
傭兵制度更進化為傭給制度，因而產生常備傭兵制度（傭兵必須訓練）。諸侯家成爲一完全統一體，用貨幣實現國家權力的集中。但戰爭依然超不出政略行動的範圍	兵數雖寡少，但皆為徵募本國兵而訓練之，以建設優秀的軍隊。腓特烈大王用此種軍隊、又以決戰為主義，使戰爭接近於絕對性質	由法蘭西革命所形成國民的自覺與徵兵制度，便清算了傭兵或募兵制的不利，戰爭遂得發揮絕對的性質。在此時代，拿破崙早已洞察之。便對敵強行決戰，而席捲全歐
常備傭兵制	同右	徵兵制
使用鎗劍	廢止弓鎗等以小鎗、鎗劍爲手兵器	同右
梯隊戰術 築城術發達，被用於野戰，工兵獨立。窩坂的築城及攻城術聞名一時。又軍隊的給養係依倉庫輜重行之	橫隊戰術 為發揚火力，便誕生橫隊戰術，騎兵僅成為補助兵種。腓特烈大王斜形隊次聞名一時	縱隊戰術 法蘭西革命中，使法軍採用散兵戰術的拿破崙便廢棄運用困難的橫隊戰術，而創始縱隊戰術，砲兵的集團使用，騎兵的獨立用法

（註）窩坂 Vauban 爲法國十八世紀炮兵工事建築家。

兵制	兵制的採用原因	價值
商業都府小共和國傭兵制	（1）爲保護商權 （2）人口寡少，體力亦不强壯 （3）重金思想	戰時傭兵的素質不良
常備傭兵制	（1）軍隊要有訓練 （2）外人的雇傭 A 減少敵國兵數，保存本國壯丁 B 防止自國人的叛亂，及其他危險 C 不致影響本國人民的生產工作 （3）重商思想	（1）缺乏愛國的熱情，信賴統率者 （2）預備役，後備役招募的困難性 （3）年齡素質的不劃一
民兵制	（1）要有愛國的熱情 （2）增大兵數	（1）以很少的費用，戰時可以召集大衆 （2）訓練不精
徵兵制	（1）爲謀經費的節省，幷求訓練的精到 （2）國民皆兵思想	（1）產生徵兵頂替法及逃避兵役 （2）將校地位的貴族化

第二章 戰爭目的

戰爭的目標，其概念在征服敵人。

但爲征服（原譯倒滅）敵人，必須具有無形有形的優勢，或積極敢爲的精神，若不具備此等條件，則戰爭的目標自受限制。

一 征服敵人

一、征服的一般目標

爲征服敵人，未必須佔領敵國的全部。

的試觀戰史，常以下表的各種因素而導致戰爭的終局。

戰爭的終局，未必以一般的原因來確定，突然其來的事件，誰亦不知其中含有特別原因，亦有完全不成話的許多精神上的原因，尤以有時似乎歷史上逸話般的瑣細事變與偶然，對於戰局的解決，往往予以決定的影響。

故吾人要看穿交戰兩國的主要關係，尤其勢力及運動中心的重點，然後集結全力而向其突進。

戰爭結束的要因	戰例
佔領敵國的首都而結束戰爭的場合	一七九二年之役，同盟軍若佔有巴黎，則對革命黨的戰爭，將告終結
擊滅敵軍而結束戰爭的場合	一八一四年，一八一五年，拿破崙的軍隊既被消耗之後，故一經佔有巴黎，便解決了一切
	一八一二年於莫斯科佔領前，因未能擊滅俄軍，雖佔領其首都，亦不能使戰爭終結
擊破同盟軍而結束戰爭的場合	一八〇五年拿破崙擊破奧軍，佔有維也納、奧大利三分之二，但以俄軍的存在，依然未能屈服奧軍，於是懲於奧斯特里齊的一戰，方能決定戰局
	一八〇七年與俄普同盟軍對抗的拿破崙，已席捲普魯士全土，但在爭德利蘭予俄軍嚴重的打擊前，尚未能決定戰局

而此勢力的重點，因其場合的不同而互異，今就其主要的述之如次：

（1）軍隊——亞歷山大、考斯道夫、查理十二、腓特烈大王等的勢力重心在彼的軍隊。故軍隊的潰滅，即爲彼等生命的告終。

（2）首都——一國內訌而陷於四分五裂的場合（例如一七九二年的巴黎）。

(3)同盟的軍隊——小國依存強國之同盟軍的場合。(如一八〇五年的奧大利，及一八〇七年的普魯士所依賴俄軍的救援)

(4)同盟國利害的集中點——結合數國爲同盟的場合。

(5)首領人物及輿論——在民衆蜂起的場合。

即征服的一般目標，應選擇此重點而指向之，依此而予敵以澈底的打擊，使其得不到恢復均衡的餘裕，若分離我的戰力，向敵全體的次要部份而積極努力，是用兵上所最忌的。

二、征服敵人應具備的條件

爲征服敵人，我軍必須具備下列兩項條件：

(1)我戰鬥力龐大　我戰鬥力不特足以取得決定的勝利，且要保持勝利，使敵無恢復均衡的餘裕。

(2)我政治處於有利地位　爲使我的政治情勢有利，就要勿因戰勝而產生新的敵人，并要於最初澈底打倒敵人。

(戰例)A一八〇六年法蘭西侵入普魯士時，雖有俄軍的相對峙，但亦不礙於對普魯士的征服。

B一八〇八年西班牙戰爭，法蘭西雖遇英吉利的抵抗，終能完成對西班牙征服之功。

C但一八〇九年對奧大利的戰爭，因法軍在西班牙已受重大的損耗，只得放棄之。

三、征服敵人的方法

爲欲征服敵人，必要對敵作疾風迅雷的攻擊，使敵沒有喘息的機會。過去往往有人以採取逐次的攻擊爲有利，實屬荒謬。這個荒謬的原因，係基於戰爭之力學的考察所致。即「以一定的力，可以完成一定時間的事，若以二分之一的力，費二倍的時間，亦可完成之。」但在戰爭上，這個原則是行不通的，因爲時間的餘裕不僅可恢復敗者動搖的心理，使敗者取得同盟國的援助及其他的結果，且可使勝者的優勢與時俱失，敗者的戰力與時俱增。

此外，尚有當爲有利於逐次攻擊的方法，列舉如左：

利於逐次攻擊的理由	批判
(1)攻略在侵入途中的敵要塞	對敵要塞或應攻擊或應包圍，或僅行監視，要看當時的特殊情況而決定。自然對於不足爲我妨害的要塞亦可拖延正式攻城的時間
(2)儲藏必要的補給品	倉庫於駐軍之際，雖屬必要，但在行軍之際，則無必要，自然可以「因糧於敵」
(3)在必要地點（如倉庫、橋樑、陣地等）設施防禦工事	都市及陣地的工事，不用軍隊亦能完成之，但不能因此駐軍而停止前進

（4）許可冬季及憩息營中之軍隊的休息	我方的休息，對敵更給予有利的休息
（5）期待翌年的增兵	新兵力的期待，不限於攻者，防者亦然

上面所述在攻勢作戰中的如何休息停頓，決不是勝者之利，反會導致成功沒有確實的保證。

故欲征服敵人，必須速戰速決，出以迅雷不及掩耳的攻擊。

四、守勢作戰的目標

守勢作戰的直接目標雖屬保守，但律之前述守勢作戰本質的觀念，凡要打倒敵人，非伴着轉移攻勢不可，換言之，要想打倒敵人，先取守勢的形式，一俟我戰力的優越，必須毅然轉移為攻勢。就一八一二年戰役的一面而說，可以看出俄軍係先取守勢的形式而開始作戰，一至法軍的戰力消耗殆盡，方突然轉為攻勢而打倒之。

二 目標的限制

對敵征服的不可能時，則戰爭目標自受限制。

此時軍事目標的對象，有如左兩種：

（1）佔領敵國土的一部份

（2）確保既佔領土地以待好機

而採取此種限制目標時，究竟應選擇攻守的某一手段（卽應攻或應守），這是決定於彼我的政治情勢，不是決定於彼我兵力比率的關係。

蓋一小國與他大國交戰時，係根據左列三種條件而決定攻守：

（1）豫測將來於我有良機的到來時——取守勢。

（2）豫測將來於敵爲有利時——取攻勢。

（3）豫測將來彼我俱困難時——取有積極理由的攻勢。

第三章　戰爭所受政治的影響

一　政治的目的影響軍事的目的

戰爭所受政治的影響很大，戰爭的本來性質雖爲征服敵人，但往往中途便告停止，這是由於政治支配了戰爭的遂行。

（1）同盟國間的政治影響

（A）一國與他國締結攻守同盟以爲援助時，但所得的援助是有限度的，他國決不會放棄本身的利益而認眞援助之。

縱觀歐洲歷來的政治關係，通常所謂同盟僅限於戰時的供給若干兵力，且這些軍隊係用本國的指揮官來統率之，行動常受限制，自不宜於澈底實現征服敵人的作戰目標。

（B）雖當兩個國家切實協同對敵作戰時，其中必有一方無意於積極協力，以征服敵人，先考慮本國的危險與可得的利益，然後出兵相助，正類似商業交易，不使資金遭受意外損失，在這種場合，軍事的目的全受政治影響以至支配。

（2）單獨遂行戰爭時的政治影響

單獨遂行戰爭時，政治的要求對軍事的目的亦有很大的影響。

我軍對敵要求犧牲較小時，則我戰爭的目的亦小，自無須作最大的努力。

戰爭的動機如此微弱時，則戰爭的本質，如互相作用、競爭、猛烈性、無拘束性等完全消失，彼我兩軍俱不冒險，僅運動於極狹隘圈內，極其量亦不過以恐嚇手段，對付敵人，使有利於外交談判，以結束戰爭而已。

由上而觀，緩和軍事動作之激烈性的力量（即政治要求）愈強，則彼我的動作愈爲被動，不活潑，消失戰爭的本來性。

二　戰爭乃政治的一種手段

戰爭所受政治的影響如此其大，可以說「戰爭係以他種手段而進行政治的繼續。」即在此場合的政治，係用外交的文書來代替會戰的遂行。

（1）戰爭所受政治支配

故戰爭是政治的一種手段，而不是獨立的。

於此使我想起從來所謂：「戰爭雖惹起於諸政府及諸國民的政治關係，但戰爭一經爆發後，則此等政治的關係便告完全中止，表現全然相異的狀態。」但從大局而觀，此等政治關係，在戰爭期間係繼續至媾和爲止。固然兩國間外交文書的往復中斷，亦所難免，但不能視爲兩國的國民及政府間的政治關係因此而斷絕。更詳言之：

（A）以戰爭的基礎來確定其一切方向的對象，例如本國及敵國的兵力，兩國的同盟者，兩國的國民性及政府的性質等，都帶有政治的性質。

（B）現實的戰爭，不爲戰爭的本質所規定，雖激烈地進行，一到中途，便爲政治所支配。

（C）故戰爭不是獨立的，乃爲政治的一部份。

（2）政治與統帥

當策定戰爭計劃時，主要的與其以軍事爲着眼點，不如以政治爲着眼點。因爲戰爭是政治的一種手段，而決定戰爭指導，及戰爭遂行的主要方針，當然屬於政治。

但世人往往說：「政治於戰爭係給予有害的影響」，這樣的加以非難，大概由於政治對於軍事的要求，無從實行，或誤用軍事的手段所致，倘若政治正確的話，則不應有此非難的存在。

故爲使戰爭達成政治的目的，政治適應於軍事的手段，則政治家對軍事要有正確的理解與洞察力。軍事與政治如由一人所主宰時，則最高統帥必須加入內閣，參預一切大事的決定。

這樣，戰爭計劃上，便表現着政戰兩略的有機結合，軍事的利害與政治的利害成爲一致與融和。

附說九　戰爭上政治與統帥的地位

戰爭上政治與統帥的地位係依於戰爭的性質而異。殲滅戰爭所受政治的影響極微，持久戰爭上，政治却代替了武力，成爲戰爭指導的主體。但不論在任何場合，政戰兩略的一致，乃戰爭遂行上不可缺的條件，而以依最高的意志統一此兩者爲理想。現特介紹石原爭爾中將戰爭論的口述一節於下，以供參考（文責自負）。

（政治與統帥）

日本信長、家康等是政權在握者，又爲統帥。普魯士的腓特烈大王是君主，又爲統帥。在這種場合之下，軍事與政治統轄於主權者，自無若何矛盾。自拿破崙以降，君主不兼統帥，現實上，形成政治主宰者與統帥實行者的分立，於是便發生關於統帥權的問題。

德皇威廉第一爲一純粹的武人，初以皇弟的資格，歷任軍團長，後即皇位，故在彼的場合，既爲君主，又爲統帥。當時參謀總長的地位極低，隸屬於陸軍大臣之下，其階級較軍團爲低，故關於統帥的事宜，非經陸軍大臣之手不可。迨一八一六年普奧戰爭之際，關於統帥的事宜，始許其直接向威廉第一上奏。

任普與戰爭的當時，內閣總理大臣爲俾士麥，陸軍大臣爲羅恩，參謀總長爲毛奇。到一八七〇年普法戰爭之際，參謀總長在形式上已脫離了陸軍大臣的隸屬關係，事實上統帥已與軍政相對峙而獨立起來。此際關於統帥的獨立，在羅恩與毛奇之間每發生爭執，但以英主威廉第一巧爲調和之，處理之，遂使統帥與政治完全一致，因而收穫普法戰爭輝煌的戰果。

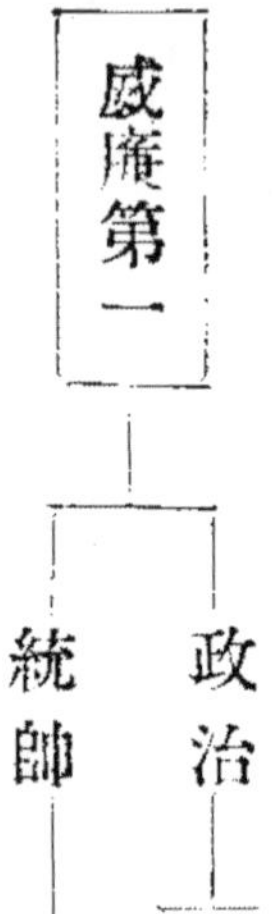

迄威廉第二即位，因缺之軍事的智識，遂將統帥的大權全交於參謀總長，政治與統帥以完全分立的姿態，迎接歐洲大戰。

於此，在歐洲大戰初期，德軍對法作戰全由參謀本部的獨斷專行，不受政治的制肘，而收決定的效果。但自瑪因河戰後，戰爭的性質變爲持久戰爭，使統帥的價值降低，政治的價值增大，畢竟德國因未樹立適當的政略，遂遭慘敗。反之，同盟國方面，在大戰初期因受政治的左右，致在國境會戰大吃敗仗，此後入於持久戰爭的階段，法有克雷孟梭、英有路合喬治等大政治家的出現，巧爲指導政戰兩略，遂收最後的勝利。（至於二次大戰，盟國的勝利亦由於美有大政治家羅斯福，英有邱吉爾，俄有史達林造成政戰兩略的一致，并巧爲指導之。——浴日附註。）

第四章 戰爭計劃的策定

當策定戰爭計劃之際，必須把握着戰爭的性質，儘量使其適合之。

持久戰爭上要明確地假定戰爭的目標，并精密而巧妙地運用政戰兩略，以達成目的。殲滅戰爭係以絕大的武力，一舉而制敵死命爲要着。

戰爭的性質不問是否持久，又不洞識政戰兩略的適用範圍，致陷國家於危殆，或對於企圖殲滅敵人的戰爭，不知武力價值的重大，而受政治的制肘，致功虧一簣，見於戰史，不知多少。

克勞塞維慈對此兩種戰爭有明確的認識，即以此而說明戰爭計劃的特質。

一 絕對戰爭

以征服敵人爲目標的場合，作戰計劃必須基於左述兩個根本原則而立案。

第一、集中我的兵力。

第二、遂行神速的作戰。

一、第一原則的研究

(1)探知敵兵力的重心，極力使其還元於單一重心。至決定能否將敵兵力還元於單一重心，要注意如左各點：

(A)敵軍的政治聯繫是否確實　卽敵軍係由一君主的軍隊所構成，或爲聯合的同盟軍。

(B)敵在戰場上所表現的情況　敵之兵力集合於同一戰場，形成一枝軍隊時，其重心最易明瞭，但在同一戰場的敵兵力屬於各國的軍隊時，及敵兵力配置於隣近戰場時，其重心不易明瞭。但對某一部份加以決定的打擊，其他部份便會受到很大的影響。戰場彼此間的隔離很大，其間如夾有中立地帶與山岳等，則難將敵之重心還元於一點。

(2)對重點則集中我戰力

對敵重點務要澈底集中我兵力而攻擊之。於次要作戰可以獲得重大的利益時，亦不妨分散兵力。但此際我的兵力要比敵具有絕對的優勢，於主要地點方不會發生重大的危害。

此外，可將我戰力作分散使用時，有如下的理由：

(A)戰鬥力的基礎原已配置分散時

同盟軍的基礎配置係由同盟諸國的位置而定，在這種場合時，如將兵力集結於一地，反爲不利。

(B)分進可收更大的戰果時

採取集中形前進時，以截斷敵之退路而殲敵爲有利，另一面却有被各個擊破的危險性，欲斷行之，攻者固要有達成此目的之充分的戰鬥力，尤以精神力更要優越。

(C)戰場擴大時

戰場擴大的場合，爲確保我勢力圈，掩護退却，必須擴大我正面，但此際對主要地點的前進，不可受對次要點的前進所影響。

(D)爲謀給養的容易化時

卽對敵重點，而集中戰力，以攻擊之，乃爲殲滅行爲不可缺的要件，但兵力的分割須爲給養條件所許可。至拘泥於從來的習慣，與兵力的幾何學形式等，企圖分割兵力，必生重大的危險，已不待說。

(3)副次作戰價值的決定

從事作戰，不能集中戰力於主要行動時，就會發生副次作戰的次要行動。此際爲了副次作戰（或譯次位作戰，下簡稱副作戰），則以不受主作戰所控制爲要緊。假令在此兩正面（卽正副作戰的兩正面）不能不同時遂行戰爭時，則以選定某一正面的一個重點爲要緊，所以此主副兩種作戰的遂行要注意如左各點：

(A)主作戰正面取攻勢，他方面則宜取守勢。

(B)用於副作戰的兵力，務要節約，並利用最大的抵抗形式。

要之，行使於副作戰的戰鬥力，務須極力節約之，在主作戰方面，非企圖將敵徹底擊滅不可。

二、第二原則之研究

(1)向目標直進

徒費時間於無用的迂迴上，乃爲力量的濫費，這是戰略的原則所不容許的，故以向目標前進爲理想。

(2)對敵主力强行決戰

爲遂行神速的作戰，必須求敵之主力而强行決戰。然此在敵國境附近獲勝較易，若深入敵國內則獲勝較難。且其成果，前者比後者爲大，且帶有決戰的性質。至欲對敵主力强行決戰，以用包圍攻擊，側面攻擊等方法澈底捕捉敵軍爲有利。而此必要的兵力與攻擊方向的決定，便是作戰計劃的根本問題。

(3)斷行澈底的追擊

在會戰上欲取得勝利，係以主力使用迅速且作不間斷的追擊爲要緊。此際要特別注意的，如對於要塞的攻略而徒費時間，或在未成功的次要地點而將戰力分離。固然繼續追擊，足以增大攻者的危險，惟將帥認爲尙未消滅當面之敵，非加速追擊不可。

倘若考慮背後的危險，而擴大了左右的配備，可視爲攻者的突進力已達極限，防者已自拔於遁走的狀態，而準備新的抵抗了。

要之，征服敵人的企圖未絕，則非繼續向敵作果敢的追擊不可。

三、關於次要行動的研究

以征服敵人為目標的主作戰行動，已如前述。其次再就由此所生的副作戰行動作一些觀察：

(1)負有次要任務的軍隊，則以個別給予獨立的任務向共同目標突進為要緊。此際要切戒牽制各部隊的行動，並遏喪其活動力，因為這樣，足使各部隊的行動發生躊躇逡巡，優柔不斷等惡果。

又，從來攻者欲佔幾何學上形態的優越，而統一行動，但較不如各個地點顧慮到其實際的成果，更足給予我們有利的結果，這是不可忽略的。

(2)各部隊所担當任務，務須適切。

(A)軍隊的適切使用法，以其時機的不同而異。

(a)與其他各國共同作戰的時機

(b)同盟軍為我援軍的時機

遇此兩時機，要考慮到各方面軍應由各國官兵混合配屬之，或應獨立使用之的方法。

混合使用	獨立使用
(1)條件	(1)條件
A同盟諸國有共通的利害，且極親密	A不合於上述諸條件時，可作獨立使用
B各個政府俱抱有絕大的犧牲精神	B欲獨立使用援軍時，通常係使用於從屬的任務
(2)利害	(2)利害
(利)各個指揮官雖有利已的立場，亦不妨害於戰略	(利)各部隊有堅固的團結
(害)各部隊戰鬥力的結合薄弱	(害)各國指揮官若站於利己的立場，以利害爲主，則難期眞正的協同

由上而觀，若爲條件許可，則以混合使用比獨立使用爲有利。一八一三年的戰役，俄軍以最强的戰鬥力參加同盟軍，又把指揮權交於普奧兩國指揮官，卽其範例。

(B)將帥的任用，及軍隊使用方面的選定

任用將帥，必須深明其性格，而委以適宜的任務。担當次要任務的將帥，以具有豪邁而果敢的性格爲宜，這種人物，足以應付困難的戰局，毫不遲疑，向着目標突進。又，決定將帥及軍隊應用於某一方面，則要參酌其特性與地方狀況。例如常備軍（優秀部隊），愼重的老將軍適宜於廣闊平原地方，民兵、武裝的民衆、少年氣銳的指揮官適宜於森林、山岳、隘路等方面。援軍則以使其活動於饒裕的地方爲有利。

絕對戰爭之戰爭計劃的策定要領

征服
- 第一原則　集中
  - 探知敵兵力的重心，務使還元於單一重心
  - 對重點集中我的戰力
  - 正當判斷副次作戰的價值，極力節約其使用於此的戰力
- 第二原則　迅速
  - 向目標直進
  - 對敵主力强行決戰
  - 斷行澈底的追擊

二　現實戰爭

一・限制目標的攻勢

(1)攻勢的目標

征服敵人的企圖不能實現時，則攻勢的目標要以左列的目的，指向敵國土地一部的佔領。

(A)爲使敵國力的衰弱(因而衰弱其戰鬥力)，而增我國力(而增大我戰鬥力)。

(B)締結和約之際，以佔領敵之省縣作爲我的純利。

於此要注意的，佔有土地的地理關係，足以減耗我的戰鬥力。

地理關係的有利場合	地理關係的不利場合
(1)佔有的土地(環繞我國土或接壤的土地)可作爲我國土的補足部份的場合 (2)佔有的土地位於我所用主力的方面	(1)佔領的土地夾有敵國省縣的場合 (2)地形對我軍作戰不利的場合 在這種場合，不僅使會戰難以勝利，且會發生未經會戰卽須撤退的事態

(2)目標假定的要件

欲假定攻勢的目標，必須考慮左記各要項：

(A)佔有的土地可以繼續駐軍否？

(B)一時的佔有(侵略、誘擊)，可以充分補償損耗否？

(C)對敵之攻勢，我能保持優越否？

要之，以確認我戰力的攻勢極限點，不陷於危殆爲要緊。此外，敵企圖侵略我省縣時，自非將彼的作戰與我的作戰，比較其重要性，及檢討其利害得失不可。

(A)彼我省縣的價值同一時，一般我領土被敵侵入所受的損害，比我佔領敵國領土所得的利益爲大。

(B)保持本國領土，通常較易實行。

(C)本國領土的喪失，僅得若干補償，則不能抵消其痛苦。

這樣攻者愈有由攻勢，轉爲從事防禦於無直接掩護地點的必要。

要之，帶有限制目的之攻勢，一般不易使兵力平均化，集中於某一時間，某一地點。如在殲滅戰爭上，其結果，兩軍不發生主力的衝突，僅在各地點返復於小衝突。

二・限制目的之守勢

不企圖殲滅敵人的守勢作戰，係以使敵戰力消耗疲弊，成立媾和爲目的。此種結果，乃由於防者的頑强抵抗，與外部政治情勢的變化(同盟的結成、離散等)，而防者作戰的一般目標即期待於此實現。

防者的抵抗方法有兩種形式：

(1)消極的抵抗法

防者務必固守於其所在地，以保全戰力，並取得時間的餘裕。

防者的戰力一有餘裕時，即宜實行對敵侵入、誘擊、及攻擊其孤立要塞等，以取得利益。

(戰例)一七五八年以降的腓特烈大王之作戰，即其代表。

大王常集結兵力於要點，而在於被威脅地點，巧施內線、機動的作戰，極力迴避會戰，若有機會僅試行小侵略，以圖節約自己的戰力，並使敵陷於疲勞困憊。

(2)積極的抵抗法

以積極的意圖，求得彼我兵力的均衡，其有效方法，便是國內退軍。

(戰例)一八一二年俄軍對拿破崙作戰即屬此。固然俄國爲本作戰的遂行，實冒莫大的犧牲與危險，却換來擊滅五十萬法軍的戰果。

三 對法作戰

最後克勞塞維慈想定以奧大利、普魯士和日耳曼聯邦（或譯德國同盟）荷蘭、英吉利相聯合，以對法蘭西戰爭，並就其作戰計劃，加以論證，茲將其大綱列之如左：

作戰計劃大綱（參照要圖）

(1)戰爭性質——以征服敵人爲目標的攻勢作戰。

(2)國際關係——想定俄國爲中立國。

(3)戰爭目標——以一次至數次的會戰擊破敵軍，奪取巴黎，將敵殘兵驅逐於羅亞爾河的南方地區。即對法作戰的重心，在巴黎與軍隊。

(4)主副作戰——主作戰正面

(A)北方方面軍——布魯塞爾、巴黎

(B)南方方面軍——萊茵上流地方——特羅伊——巴黎

或奧爾良

副作戰正面

(A)意大利方面軍

(B)法領沿岸攻擊軍

對法作戰計劃要圖

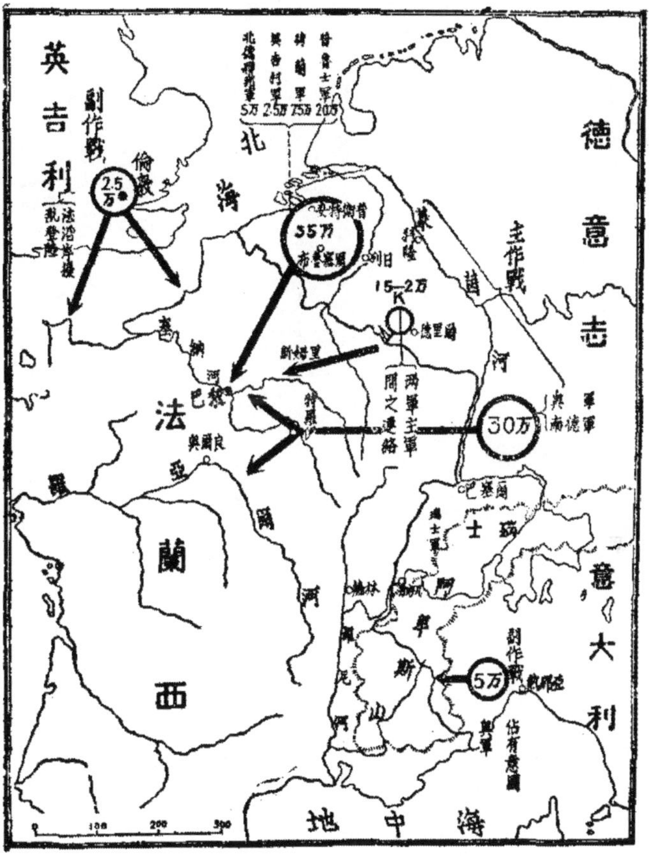
英吉利
副作戰
倫敦
2.5万
北海
35万
15—2万
K
德意志
主作戰
30万
法蘭西
巴黎
瑞士
意大利
副作戰
5万
地中海
0
100
200
300

結論

克勞塞維慈的戰爭論係根據對腓烈大王戰史的研究，及拿破崙戰爭的寶貴經驗，並由於研究歷代戰史而成，已不待說。

這個性質各異的兩種戰爭（即絕對的戰爭與現實的戰爭），遂行於僅半世紀之間，指示吾人以戰爭的兩面性，竟爲克氏慧眼洞悉無遺，遂得完成他這一部不朽的名著。

次就這兩種戰爭的本質各點，從歷史的觀點上加以比較考究，我想：亦可藉以明瞭本戰爭理論的依據吧。

如次表所示，腓特烈大王時代含有持久戰爭之軍事的政治的諸要素，拿破崙時代，具有殲滅戰爭之必然的諸性質。

拿破崙正值當時的將帥拘泥於舊式兵術，不能越出持久戰爭一步，乃獨能洞悉把握着戰爭本質的變化，並創造新戰爭方式，可見他偉大的天才了。

區分	戰爭性質	武力價值：兵制	武力價值：戰法	武力價值：給養	政：機動
腓特烈大王	持久戰爭（現實）	常備傭兵制	橫隊戰術	倉庫供給	君主戰爭（傭兵）
		補充困難 高價 逃亡	集團編制（兵力限制） 運動困難 損害增大	機動力限制 兵力限制	君主的利害（政府） 國民感情薄弱
		↓ 迴避會戰	↓ 限制會戰威力	↓ 攻勢的過早終了	↓ 機動微弱、富於政治妥協
		武力的發揚不充分			政治解決
拿破崙	殲滅戰爭（絕對）	徵兵制	縱隊戰術	徵發	國家戰爭（徵兵）
		國民的自覺 補充容易 國民負担減輕	軍團編制（兵力增大） 獨立作戰容易（保存決戰兵力） 損害減少	機動力增大 兵力增大	國家的利害（民族） 國家的感情
		↓ 會戰主義	↓ 會戰威力增大	↓ 作戰有徹底遂行的可能	↓ 戰爭機動的強烈 打倒感情的強烈
		武力的發揚特大			政治的 戰爭的

政治價值：規模	政治價值：環境	判決
政府戰爭 戰費由國庫支出 國民不參與 ↓ 戰爭規模很小，有政治解決的可能性	國內戰爭（德意志帝國內） 國土接壤（國境沒有障礙）小國對立 ↓ 政治的複雜性增大	戰爭不僅爲武力的發揮，即政治亦發揮相對的價值
的可能性增大		
國民戰爭 戰費徵收 國民負担 ↓ 戰爭的規模大，武力澈底的使行	對外戰爭（歐洲全土） 國境的存在（地理的政治的）大國的對立 ↓ 戰爭遂行要有決心，一經決定，便斷行不疑	戰爭以武力爲第一主義，政治僅爲其從屬
活動少有餘地	遂行要有決心	

次就兩種戰爭而比較研究戰爭計劃的差異。

區分	持久戰爭（腓特烈大王）	殲滅戰爭（拿破崙）
戰爭目標	（1）專以政略的立場而決定 A 敵國領土一部的佔領（領有亞勒細亞） B 獲得領土的確保 七年戰爭（確保細勒西亞）	（1）以打倒敵人爲目標 A 首都的佔領（巴里、一八一四） B 軍隊的擊滅（奧斯特里齊、耶納會戰） C 同盟軍的擊破（李利德蘭）

戰爭計劃的策定	(1)作戰計劃當為戰爭計劃一部而樹立 戰爭計劃(主權)「作戰計劃(統帥) 「政治計劃(政治) (2)戰爭遂行時，要逐次確定目標，以求達成政治目的，作戰計劃係適應於此而策定	(1)作戰計劃成的戰爭計劃的大部，甚至全部政治要極巧妙地利用作戰成果 (2)戰爭遂行時，於初期作戰，大多足以決定戰爭大勢，若不能預想其結果，則一步也不能開始戰爭行動
戰爭期間	因武力價值低下，致不能澈底遂行，戰爭便入於長期狀態 （細勒西亞戰爭，七年戰爭）	以絕大的武力價值、依速戰速決主義，而縮短戰爭期間
戰爭實行的戰略手段	(1)兵力的平均化 基於政治的立場而領有土地，因而招來兵力的平均化 (2)迴避決戰（道恩元帥，一七五九年以降的腓特烈大王） (3)機動、小戰、誘擊等的活用 （一七五九、一七六〇戰役）	(1)對重心即集中兵力（拿破崙每次戰役） (2)向目標直進，强行決戰 （一八〇五年維也納進擊） （一八〇六年柏林進擊） (3)會戰主義與澈底的追擊 （同右）
政治與統帥	政治與統帥發揮相對的價值 戰爭不是憑將帥個人的意志而行，乃為政府指示其根本方針 （七年戰爭的奧國）	統帥第一主義 統帥的成功常能決定大勢 （拿破崙的各次戰爭）

右述兩種戰爭的兩種性質，亦可從上次歐洲大戰戰史上找出實證來：

一九一四年八月，德國對法宣戰，決意遂行澈底的殲滅戰爭，乃根據史蒂芬元帥所起草的對法作戰草案，遠從巴黎北方迂廻而壓迫法軍於羅亞爾河之綫，欲一舉而殲滅之，因此便澈底集中兵力於右翼比利時國境以求戰爭初期占得優勢。

但這個計劃，以法軍的侵入萊茵河上流及在東方戰場俄軍的侵入東普魯士而被牽制，小毛奇因缺乏英明的決斷，乃削弱右翼軍的兵力，致在最後的瞬間，欲予敵澈底的打擊時，便發生兵力的不足，造成瑪因河的敗績。當德軍越過比利時國境，殺到瑪因河畔，本可以一個月有半，達成速戰速決，而結束戰爭的，但因此失策，遂使戰爭持久消耗至四年之久。

所以戰爭計劃在作戰計劃之外，要有新的策定——動員政治、外交、經濟、思想一切部門。

協約國方面，由於英法政治的密切結合，有克雷孟梭、路合喬治等的活動，遂導致戰爭的最後勝利。反之，德軍沒有一個足以匹敵的政治家，不能拉着美國，反使其站到協約國方面，故雖有輝煌的戰略成功，終因政治的崩壞，不能取得戰果，只得投降了。

吾人空作此寶貴戰史的實證，也是不行。眞是可笑！克氏的偉論，竟被誤用於祖國，而活用於敵國的英法方面。石原莞爾將軍曾告訴我說：「戰理不是產生於單純觀念的思索，係以戰爭的深刻體驗爲基礎。克氏的戰爭論係由彼受到腓特烈大王時代的訓練，研究大王以前的戰史，又從軍於拿破崙戰爭時所得的寶貴體驗，而加以深刻的反省鑽研的產物。不是生於腓特烈大王拿破崙時代的人，不易理解戰爭論。惟有與腓特烈大王拿破崙的心靈相通之後，方可自信有澈底的了解。」

這種敎訓已深入我的腦海，擱筆反省，更覺得兩雄的心靈不易相通，亦難了解其戰史，不禁忐忑不安！望讀者諒解微衷，此書能供讀者參考，亦聊可盡作者的使命了。

附錄

讀克勞塞維慈戰爭論雜記

萬耀煌

克氏戰爭論，德文原名Vom Kriege，法國譯本，改名大戰學理，日文譯本，亦有稱爲大戰學理，吾國譯本，則從前多名爲大戰學理（如瞿壽禔譯本），現多稱戰爭論云，以意義包含之簡括，自以戰爭論三字爲明確。

戰爭論克氏成于一八一八年——一八三〇年，克氏歿于一八三一年，歿時此書尚未經最後之校正，作者自認爲『一團思想亂堆』。世人目爲『讀之者罕，理解之者更罕，幾有神話化之感』。魯登道夫則謂：克氏理論，已成過去。形形色色，評論不一，幾若含有神祕性，而爲兵學之迷之戰爭論于一八三一年出版後毀譽雖不一致，然時隔百年，尚執東西洋各國之牛耳，爲近代戰術典令之濫觴，此則一種事實，無可非議者也。

克氏少耽哲學，自承爲『戰爭哲學』之始創者，長軍官學校時，埋頭于戰史及戰爭論之精研，并服膺康德，孟德斯鳩與馬基雅佛利學說，在耶納之役後，曾經聽過康德派可森威達特哲學講演，而當克氏戰爭論起草時，又適爲德國思想界受黑格爾支配時代，由黑格爾產生克氏觀念論，由黑格爾產生克氏辯證法，克氏於哲學之外，復以戰史爲立腳點，故全書大部分，頗多涉及十八世紀歷年戰爭得失，而于一八一二年以前，拿破崙所以得戰勝之原理，及聯合國軍自是年以降至一八一五年之間。所以得戰勝之原理，均經克氏慧眼道破，氏之學問，既以哲學及戰史爲出發點，其言論所以能不偏于事實，亦不偏于學理，吾人并可藉氏之一生治學途徑，得以覘兵學範圍。

克氏戰爭論凡八卷，第一第二兩卷，純以哲理研究戰爭之本質及學理。第三卷論戰略。第四卷論戰鬥力。第五卷論兵力。第六卷論守勢。第七卷論攻勢。第八卷關于戰爭計劃之闡述。而第八卷戰爭計劃中所推論之作戰目標，其間涉及于同盟軍者，則又適供吾人今日與英、美、蘇、荷幷肩作戰之參考（詳見後文）。克氏對於軍事理論上根本問題、否定有『永遠不滅的原理』，他認定那些所謂『僵死不變的原則』，爲軍事思想貧乏和停滯的象徵，甚至爲一敗塗地的直接根源，他以爲『任何時代，都有各別的戰爭，亦即有不同的條件，如果有人以哲學原理之見地，隨時隨地研究戰爭理論，則每一個時代，都各有其獨特的理論。』克氏推論兵學建設，復以戰略形式，無論如何廣大，總不足以範圍天才超逸者流，若勉行之，則不免乖戾僨事。又謂學理僅足傳達高等兵術之思想與見解而已，超此以上，則不可能，因原理本不能具有解決高深問題之定式（吾人研究兵學原理時其聽諸），亦無從授以一定不變之方法（吾人從事兵學應用時其聽諸），故學理僅示凡百事物與其相互關係，其出乎規矩繩墨之外者，則任讀者之獨斷活用（吾人研究軍事學校，尤其陸大教學法者其聽諸）。戰爭當實行時，則一視實行者所具之手段，與夫天賦之精神力，而參酌學理，定其決心（吾人研究戰時實用學理之關係者其聽諸）。至其解釋原則，其對於原則之成立及其限度，尤爲明斷。克氏曰：原則乃決定行爲時之法則，並未有如法律之決定的意思，其中或有如法律之精神及意義，但判斷之際，較之法律，更有適用之自由云云。由以上之學說，所以能養成德意志軍人不拘方式，發揮天才，讀原則而又不拘原則各特色。其研討戰爭本質，既非如現實派戰略家，祇死守先人之方式，而涉於模仿。又非如主觀派戰略家，徒以自己之思考與理想，而蔑視事實。超乎科學而進入藝術，確能示軍人（尤其近代軍人）治兵學之楷模。

溯自一九一四年——一九一八年世界第一次大戰以後，必將發生世界第二次大戰，論者均謂一由倫敦經濟會議之流產，一由於國際聯盟軍縮會議之失敗。經濟會議流產之原因，下走非經濟專家，不能道其詳，至縮軍會議失敗之原因，則克氏於推論戰爭本質中所謂軍事第一窮極性，第二窮極性，第三窮極性，實有先見，後之視今，亦猶今之視昔。今述克氏之解釋如下：克氏解釋第一窮極性，謂欲使敵底於無力而達到我之目的，必須有較敵優越之兵力，於是彼此相競而不知所止，詳言之，即彼欲保持其程度之威力，而此更求加于此威力之上，及此保有優越之威力，則彼更求有加于此優越之威力，如是彼此競爭，不達于威力之最大限度不止，克氏視此爲第一互相作用，名爲第一窮極性。至第二窮極性，則以「使敵底于無力」之戰爭行爲，其企圖並非片面的，而實爲彼我均具之者，因我不能壓倒敵人，則敵人將我壓倒，于是又生相競不止之第二相互作用，而爲第二窮極性。根據上文欲期壓倒敵人，必估計敵之抵抗力，而算定於此相當之兵力，但敵情不易明瞭，估計敵之抵抗力，未必確當，因此彼我競爭，其努力之結果，復生第三相互作用，而爲第三窮極性，吾人一爲回溯，自克氏逝世以後，百年以來，以迄于今，列强軍備競爭之結果，能逃此公例否，吾人可基此以研討「鄰邦兵備及軍制」。克氏推論現實之戰爭，而謂戰爭並非單一或由同時數個決戰而即成立者，實具某程度之繼續時間，其意指人員之徵集、訓練、及資材之徵用，整備等，必須具有相當之時日。克氏又推論戰力，而指出有形的要素之編制，裝備，並統計的要素，如軍之建設，及保持等。克氏又論及補充，以維持戰力所需，如人馬、兵器材料，糧秣皆是，其意以軍隊所能攜行者，殊有限制，其一部分有時雖可于現地獲得，但多限于糧秣，且限于某時間，而大部分之補充，不得不賴於國內所設之根據地云云。並且有鑑于一八一二年拿破崙遠征莫斯科，輕視給養失敗之經過，因而決定「以軍事爲主眼，當以給養次之」之原則。基於克氏上述要旨，及上述範圍原著全文，因而植立吾人今日「軍制」，「軍隊教育」，「後方勤務」，「動員」及「國家總動員」各講座之基礎。

克氏又以兩國民間或兩國家間，敵愾要素鬱積過深時，往往因輕微之動機，勃發意外之結果，因而從客觀上主觀上觀察戰爭之行爲，決其爲人類行爲中常有之偶然作用。其不確實及僥倖，近於一種賭博。其理由則以戰爭行爲，常實施于危險之中，當危險時，最重要之心力，爲勇氣，例如冒險，放胆，甚至暴虎馮河等，此種勇氣之表現，本質卽不確實，克氏所以有「撲克」牌之喩。克氏所言如此，吾人徵諸戰史，體諸實驗，亦何嘗不如是，究之是一時的，非永久的。是表面的，非根本的。物有本末，事有終始，天下斷無無因而生事，亦斷無憑一時僥倖而卽成功之心理，所以克氏雖以戰爭之本質，有類賭博，而戰爭之行爲，不能存僥倖之心，故其論戰力，則原始要終，顚撲不破，大意卽以有形之戰力作用，與無形之戰力作用，深相固結，緊密有如合金，雖以化學手段，亦不能分析云云。其於軍事上精神物質兩者相互作用，理解爲透闢，打破一切偏重物質，與乎偏重精神之言論。至其論精神要素，以將師之才能，軍之武德，軍之國民精神三者有相等之價値，不能有所軒輊于其間，尤爲論軍事精神要素者具體持平之論，通克氏前後之書論以觀，戰爭本質，可謂爲一種科學上之賭博，有克氏樸實說理之學說，所以能養成德意志軍人以笨拙取勝之美德，否則克氏之戰爭論可以不作。

克氏推論政治與戰略，爲全書之精彩，而亦爲魯登道夫所最不滿之點，以拙見言，兩氏各有其立場，克氏深有感於拿破崙一生之成敗，魯氏則深憤於當時政局，往往以政略掣戰略之時，以致一敗塗地，出發點不同，故言論亦不一致。平心而論，克氏言論，可長可久，魯氏言論，未免一時衝動，克氏之意，固不主張以戰略干涉政略，亦絕非以政略犧牲戰略，蓋以兩者各有其分際，兩者亦各有其專才，故克氏深以招致軍人出席閣議，諮詢關於戰爭之意見，爲事理之謬誤者，同時亦以政府當局對於軍事須有相當之理解，并以政略之着眼，若合于條理，則政略之效用，及于軍事上，當有利而無害。其看法絕非將政略戰略，看作兩事，實主張政略戰略一致，特其步驟有一定程度耳，故其論及戰略事項，以當臨實地適時規定之，于分析政略戰略界限後，深持「統帥獨立」之旨，尤爲近世軍制學家『統帥權獨立』之準則。

克氏又以地形之認識，乃將帥應具之性能，每遇一地，卽未經踏勘，亦當具有幾何學的想像力。古今中外兵家，無有不注意於地形者，我國孫子之地形篇，腓特烈大王之戰爭大原理，開卷即論地形，可為印證。至克氏反對以冬季為作戰期區分，其言按諸此次蘇德戰爭情形，似不甚合。其論氣象，僅以濃霧及酷寒，為影響於戰鬥及戰略，似已于此次英德戰役倫敦空戰，蘇德戰役莫斯科戰局，有所默契，然其對于氣象，仍未加重視，則與今後航空戰，化學戰，以及火器之發達，日見推進，影響于戰略戰術之前途者，克氏當時似尚未充分料到。

克氏之論攻防，尤其獨具隻眼，他絕不像一般論者把防禦看作與進攻對立，把殲滅戰看作與消耗戰對立，他在進攻中看出防禦，而在防禦中又看到進攻，他以為一切防禦的手段，都將成為進攻的手段，尤其是在戰略上，經常是以防禦代替進攻，與我 委員長年來主張戰略上取守勢，戰術上取攻勢，即守即攻，頗有殊途同歸之概。而其推論戰略，發明『極點』一術語，尤足堅吾人今日抗戰之信念。原文大旨以攻勢含有所謂『極點』，如超過此『極點』，則攻者失卻優勢，而守者反逐次獲得優勢，不過此『極點』之認識，頗為困難，尤以敵情況不明，估計往往失諸想像，以致往往超過此『極點』而攻者猶繼續不已，此際苟防者能看破而加以反擊，則攻防局勢，將轉變其位置，而勝負改觀，例如防者逐次退避於後方，待敵之攻勢力量超過其『極點』後，加以反擊，其利益自甚偉，至於反擊之機會，克氏列舉為：（1）敵軍出現於國境之場合。（2）敵軍出現于我陣地前之場合。（3）敵攻擊我陣地而經過中之場合。（4）誘敵深入我國土之場合。以上克氏之言，似不啻為我國今日抗戰寫照。人生心理上弱點，往往任舉一事，每不能自信，推前賢言論，與夫歷史事實，則足以堅吾人之信念。今後而後知 委員長領導吾人抗戰到底實確有所見，吾人將何以在 委員長領導下，尋敵人『極點』，以利用此機會乎？

又克氏推論軍集結與分割，似傾向內線作戰。內線作戰外線作戰，本無絕對利害，克氏服膺腓特烈大王及拿破崙之用兵，並身居普魯士，遂不免受環境之支配而傾向內線作戰。管見則以任何時代，無論內線作戰，外線作戰；凡由外線作戰而迫爲內線作戰者恆敗，內線作戰而伸爲外線作戰者恆勝，理由未詳晰，事實上則往往如此。

至克氏推論對聯合軍之作戰，其目標則以小國得强大國家之支援時，通常向其支援者。如爲多數國時，則向其利害之焦點。此項目標選擇之理由，實因克氏推論將來戰爭，必有以多數國家爲敵國，而于數個戰場行之者，果爾則敵之中心，將視敵人共同之利益何在，求得其共同一致之動作，以爲中心，如此則雖多數國可視爲單一國，否則仍視爲具有目的不同之兩個以上戰爭，我國現聯合于英、美、蘇、荷同盟軍以對軸心國作戰，按克氏之言，正可得一最好例證，克氏又謂聯盟軍作戰，如敵之聯合者，較其自身强大時，當對其最大聯合國加以大打擊。此言也，與上文所謂利害焦點，有所出入，予以補充。但按諸今日狀況，同盟軸心兩方，克氏之言，仍具有暗示之力。此又吾人判斷所不可不知之一條件。

以上不過片鱗隻爪之象言論，自覺管見亦不能有以深切測夫克氏之高深，不過近代兵學，大別爲德國法國（法國雖有此次慘敗，然管見總以別有根本原因，非盡戰爭之罪，其名將學問，並不因此而失其價值）。兩派根本思想，若謂其中似有一鴻溝者在，則未免皮相之見，請予不信，請觀法福煦元帥所著之戰爭論，與克氏之戰爭論，兩大名著對照，默契之點甚多，法國貝隆將軍以法國于一八七○年以前未能將克勞塞維慈之學說，加以考察，以致戰略上之失敗，余亦以法人于第一次世界大戰以後，未能將福煦元帥學說，如福氏戰爭論所云，加以考察，以致有此次慘敗，自覺亦不爲過言，世人幸勿以成敗之見論兵家也，附述所見，以殿此文。

克氏戰爭論是腓特烈戰爭與拿破崙戰爭的結論

松村秀逸作
李純青譯

克勞塞維慈像一個謙虛的學究說：「我的野心只想寫一本令人在二三年後不致忘記的書」。實則他的書『戰爭論』，係利用公餘之暇寫了二十年。這部名著，也可以說是腓特烈戰爭與拿破崙戰爭的結論。書中引用這兩位名將的戰例最多。他指出：從拿破崙以後，始執著於戰爭轉變爲國民戰爭。而名國民戰爭以後之戰爲近代戰。實際上，克勞塞維慈生於一七八〇年，拿破崙生於一七六九年，拿翁不過年長十一歲。當拿破崙縱橫於歐洲的全盛時代，克勞塞維慈已是普魯士的青年軍官，且曾與拿破崙指揮的軍隊作過戰。來比錫之戰，克氏乃布留歇的參謀，滑鐵盧之戰，克氏任普魯士第三軍團參謀長。

克勞塞維慈不僅是拿破崙戰爭的研究者，而且是一個經驗者。克氏的戰爭論，豈但二三年後不致忘記，即百年後的今日，論戰爭之人，也尚無出其右者。他那有名的定義說：「戰爭是政治繼續的另一手段」。論戰爭的人無不引用它。戰爭論一共十卷，其中大部分爲哲學的思想方法，費讀之點甚多，又若不是軍事專家，難解之點也甚多。

史蒂芬元帥說：「有人把戰爭的理論發展，成爲抽象世界，與現實生活不相關涉。其實，戰爭是現實生活中最現實性的，故弄虛玄，毫無用處。像克勞塞維慈的戰爭論，對實戰就非常有用，它有適應軍事生活的無限性，使我們領悟戰爭中各種事件的特殊性。全德意志軍隊應該感謝我們的大思想家——克勞塞維慈給我們這種認識方法的功勳。」

本篇並不想把克勞塞維慈的戰爭論與腓特烈大帝及拿破崙的關係，一一議論，也不從戰略戰術說明，只擬出現代戰爭的見地，討論戰爭的特性，政略戰的關係，達到戰爭目的的手段，決戰的價值，戰略戰第一原則，戰爭的精神力等，以備現代戰爭的參考。

一、戰爭乃使敵屈服，實現自己意志所採用的暴力行爲

這是克勞塞維慈的定義。爲對敵人暴力，以各種技術上及科學上的發明，武裝起來就是暴力。行使暴力在國際法上的慣例，雖受有制限，但那種限制實不足掛齒，對行使暴力並無重大的障礙。故暴力是手段，使敵屈服於我的意志才是目的。爲欲達到目的，必使敵人喪失抵抗力。這就是軍事行動的目標。

這個暴力，在理論上帶有發揮到最大限度爲止的本質。因爲甲以暴力加諸乙，乙必以比甲更大的暴力抵抗。甲乙競賽發展自己的力量，漫無止境，故戰爭哲學不可有博愛主義。若認爲可以巧妙解除敵人的武裝，剛到打破爲止，不給予必要以上的損害，而在實際戰術上向這方向努力，那是再危險也沒有的錯誤，非予以粉碎不可。

但另一方面，暴力的無限界性不過是抽象世界的觀念而已，現實世界不能無限界的使用暴力。若離開抽象世界跑入現實世界，無論敵我對於發揮暴力到最大限度，不能不受三個條件的拘束。第一，戰爭不是孤立的行爲。戰爭決不是與平時的國家生活無關突如其來的，若平時雙方都不保有暴力，想戰爭也爆發不出戰爭來。故戰爭的眞正地盤是根據在當時的社會情勢。第二，戰爭不是一回就會決定勝敗的。若軍事當局把所有力量可能使用的都同時使用出來，那麼，戰爭就只有一回或數回的決戰。惟事實上，所有力量不可能同時使用出來。此處所謂力量，固指狹義戰鬥力的國土、人口、及同盟者。國土及人口，爲狹義戰鬥力的源泉，亦爲戰爭有力的要素之一。

就是說可動員的戰鬥力常備軍，雖能夠同時使用出來，但所有要塞，河川、山嶽、住民、一言以蔽之即全國國土，也不能夠同時使用出來。當然，若其國土僅有『彈丸』之地，一開始軍事行動便完全被包圍了，那又當別論。至於同盟國的參戰，不是戰爭當事國所可左右的，參戰的時期或速或遲，完全決定於國際關係。

克勞塞維慈這種觀念，對於現代戰爭很有價值，就是說戰爭活像拳鬥一樣，有一定的場所，一下子決鬥，便可摧毀敵方的力量至無遺存，則可用速戰速決的戰略。但實際戰爭不是如此，全國有戰鬥力的男子常在戰爭中逐漸動員，遂漸訓練，而加入戰爭者。倘戰爭繼續至五年十年，則戰爭爆發時的兒童亦已成壯丁而有戰鬥能力。這也可說是戰爭延長成爲長期戰的原因。國土大小與人民衆寡，至今仍不失爲決定戰爭長期或短期的因素。即蕞爾小國，也可因爲兵員的增加，軍隊的機械化和加速化，而呈廣大。因爲交通機關發達，武力支配的區域，也擴大了。故現代軍事也可稱爲『廣域時代』的軍事。此外，同盟國問題也是使戰爭不獲一時解決的原因，數國對數國作戰總比一國對一國作戰來得繁雜。克勞塞維慈指摘過：『同盟國爲恢復其與國失掉均衡而養兵』。反之，勝負之數已可預見然後參戰的同盟國也有之。故一種戰爭不能看做絕對的勝或敗，戰敗國往往把敗北僅看做一時的災厄，而等待着利用將來的政治情勢，以圖恢復及挽轉頹勢。這對於力的緊張與激烈有緩和的作用。

第三戰爭的結果不是獨立和絕對的，戰爭有連續性，『和平是戰爭力量的養成時期』。第一次戰爭的結果，常成爲第二次戰爭的原因，例如普法戰爭德佔領亞爾薩斯，羅蘭爲第一次大戰的原因，其結果，凡爾賽條約又爲納粹政權的樹立及第二次大戰的原因。

二、戰爭的特質—蓋然性，偶然性，危險性

戰爭的暴力手段，在抽象世界有無限制發揮的傾向，在現實世界只有緩和的作用。因相敵對的雙方乃現實國家及政府的緣故，戰爭不是理念的行爲，而是實際的行爲，故推測將來未知的材料，必根據事實。卽戰爭的當事者，基於對方的性格，設備，狀態各種關係，而推測敵人的行動，並決定自己的行動。但這不過是『大概如此』帶蓋然性的。惟其如是，故又是偶然性的。在所有人類生活當中，沒有再比戰爭更屬於概斷的而且一般的偶然接觸的東西了。因爲，戰爭的行動不是根據嚴密的預斷，而是根據大概的推測，故僥倖恆佔其大部分，因此，戰爭活動的本質是危險性的。在人類精神中，對於克復危險最要緊的勇氣。要表現有信念，要大膽，要暴虎馮河一種勇氣。這就是戰爭的特性。若對于結果絕對確實而有把握，則任何怯弱者都可以從事於戰爭了。

在兵學上，不能給與數學一樣的絕對性與嚴密性的地位，戰爭只有像競技一樣的可能性，蓋然性與僥倖性。

在兵學上，不能給與數學一樣的絕對性與嚴密性的地位，戰爭只有像競技一樣的可能性，蓋然性與僥倖性。

人類的悟性常希望明瞭與確實，另一方面人心又屢屢喜歡不確實的半面。以人類的悟性探究哲學與推論論理，循向此路走去，不知不覺間到着不能看到的世界。至此，便把習見慣聞的東西拋棄，以其想像力，奔向偶然與僥倖的世界。這不是嚴格必然的世界，而是豐富可能的世界。人爲此世界而迷醉，而鼓起勇氣，他們將以爲：唯有大胆與冒險纔能見出本領來、倘兵術的理論，捨此境地而欲追尋絕對的必然與規準，這樣的理論無裨於人生實際。兵學研究生動的精神力，不能到達絕對確實的領域。一面以大概的推測而採用行動，一面必須以勇敢與自信塡補其缺憾。勇敢與自信大，行動的範圍隨之而大。勇敢與自信在戰爭爲不可缺少的原則。

拿破崙的戰場，與其說是小心的打算，不如說他的信條是迅速與大膽。腓特烈大帝的戰場，不爲危險所欺，不產生恐佈念頭，而大膽實行，與深謀遠慮俱爲其信條。因軍隊臨陣之時，給與任務，其搜索敵情與偵察地形均受時間與空間的限制而不能周詳，故判斷敵情與判斷地形，不外像兵術訓練一樣，由此判斷而樹立的作戰計劃，到實際作戰時 常有不預期的變化。因在戰場上波瀾起伏而重疊，情況瞬息萬變，故要求嚴厲的統制，要求獨斷專行。意志必須極端牢固，又必須能有融通性，能懂「運用之妙，存乎一心」。克勞塞維慈說：「兵學是研究活的精神力，不是釐定絕對不變的具體規範」，一點也不錯。臨戰之時，智識要化成能力。

三、政略戰的關關—戰爭是政治繼續的另一種手段

一個共同社會的戰爭——即國民戰爭，一定胚胎於政治的狀態，因政治的動機而引起。故戰爭是一種政治的行爲。倘若戰爭爲全部暴力的同時使用，則此種行爲雖起因於政治，終必脫離政治而自己獨立，循着自己的法則前進。惟事實不然。現實世界的戰爭，不是一發即畢的絕對物，它包括着各種力的作用，各種力並不同類共型，而且發展的狀態也不一樣。有時以爲直到打破與惰力磨擦的抵抗力爲止，勢必膨脹下去，誰知忽然便萎縮下來，毫無作用。其實，可以把戰爭稱爲暴力的脈動，因爲剛看見或大或小的激烈起來，旋又看見緊張的弛緩與力的疲憊。換言之，達到戰爭的目的，雖長短不同，但總繼續一定的期間，在此期間，方向或左或右變化回測，不是嚮導戰爭的理智所能左右的，惟戰爭既出發於政治的目的，則爆發戰爭的最初動機，及對戰爭的重要動作，皆受政治的影響。當然，所謂政治的目的，也不是專制的立法者，必隨伴着戰爭的性質而推移。有時戰爭的性質完全變了，但政治仍不失爲應該考慮的第一要素，政治貫通整個軍事行動，而不斷予戰爭爆發最初之力的性質以影響。其次，我們要曉得，戰爭不單是一種政治行動

，且是一種政治手段，是政治對外關係的繼續。故戰爭不外是以他種手段實行對外的政治關係。戰爭本身的性質，決定於政治，在政治的方向與意圖不如意時，有要求於兵術的權利，在各種場合，也有要求於將帥的權利。政治的意圖是目的，戰爭是手段，世界上沒有無目的的手段。戰爭的動機愈大愈强烈，所及於全國民族的生存就影響愈大愈深。以打倒敵人爲中心目標，戰爭的目標就與政治的目的漸漸一致，那時戰爭便愈像戰爭，而不像政治。反之，若戰爭的動機不大而弱，戰爭不循暴力的自然方向，戰爭目標與政治目的背道而馳，戰爭就愈像政治。自然，因爲戰爭的結果不容易臆測，最初的政治目的，到最後戰爭結果，也可能完全變貌。大凡指揮一個戰爭或應名爲戰役的大戰爭，若獲得光榮的勝利，那將帥就完成了一種巨大的政治任務。因爲戰爭的實行與政治是一致的，故在將帥的視界中，一方面要盱衡整個國際政局，一方面要正確的認識本身的各種手段，及可能行使的事業範圍。政治家與將帥必須明白戰爭的種類。

克勞塞維慈强調在戰爭的全過程中，政戰兩略務須一致。不僅在戰爭的開始與終結而已。他這樣定義：一、戰爭的目的是實現本國的意志，二、戰爭的目標，爲使敵人喪失抵抗力，三、戰爭的手段乃暴力。所謂本國的意志，克勞塞維慈有時稱之爲「政治的目的」，或「政治的意圖」，或「對外的意圖」。

政治的目的不是固定的，譬如日本這次戰爭，最初的華北事變，本不欲擴大，但繼而變成對華全面戰爭，建設東亞新秩序，又繼而變成「大東亞戰爭」，確立「大東亞共榮圈」。

克勞塞維慈以爲戰爭的手段是武力戰，並不是說沒有其他手段。例如拿破崙大陸封鎖，即令就是經濟戰。俄皇波爾一世的被刺就是陰謀戰陰謀暗殺，曾被用作一種手段許多年，但國家鬥爭手段的武力，還占壓倒的優勢，故克勞塞維慈把戰爭的手段確定叫做暴力。

現在戰爭的手段，經濟與思想戰已同武力戰一樣重要。戰爭的本身，也已由拿破崙時代的國民戰爭進化到國家總動員戰爭，國家總力戰爭。戰爭的進化，受武力戰進化的影響最多。腓特烈大帝時代，會戰的最大兵力，雙方合計不過十萬左右，拿破崙時代，也不過四五十萬。而且那時沒有鐵道，槍砲的發射速度遲，距離短，到日俄戰爭，動員兵力乃逾百萬。到第一次歐洲大戰，德奧同盟動員二千四百萬，英法俄等聯軍動員三千七百萬。飛機坦克毒瓦斯開始出現於戰場。兵員數量的增加與新式武器的使用，軍需工業的動員就成爲必不可缺的事。益以封鎖與反封鎖，戰爭長期化了，又就出現經濟戰，並且出現思想戰。第一次大戰可謂國家總動員時代的戰爭。

現在是總力戰時代，要有高度的國防國家。這雖更複雜了，但戰爭的手段，也不外武力戰，經濟戰，與思想戰，三者互相作用，緊密爲一而不可分開。以今日這樣複雜的戰爭態勢，克勞塞維慈所說的政戰兩略一致，更加重要了。第一次大戰各國只準備武力，而未嘗準備經濟與思想，現在戰爭差不多三種準備都已在戰前全被注意了，各國都呈露了總力戰的面目，都把所有力量集中於戰爭的勝利一點。

四、達到戰爭的目的及所用的手段

從概念上說，戰爭的目的是打倒敵人，敵人的抵抗力被剝奪了；戰爭的目的即便達到。抵抗力的要素，普通區分之爲三，即戰鬥力，領土，及敵的意志。

戰鬥力必須毀滅，要使敵人陷於不能繼續鬥爭的狀態。領土必須佔領，因爲領土能夠產生新的戰爭力。但即使這兩個要素被消滅了，若敵人的意志不屈服，其政府及其同盟國不願媾和，其國民不願投降，戰爭即不可謂之結束。因爲：縱令佔領了敵人的全部領土，雖保領土內部不捲土重來發生抵抗，或者獲得同盟國的援助，也可能捲土重來。這三個要素之中，因爲戰鬥力乃防衛領土所必要之物，須先毀其戰鬥力，而後能佔領其領土，佔領其領土，而後能壓迫敵人的意志屈服與就範。

毀滅敵人的戰鬥力，通常是漸次的，領土的佔領也是漸次的，此時領土與戰鬥力互相影響，喪失土地就是減少戰鬥力。但或時也有例外，譬如在敵人未衰弱的時假，已將兵力撤退後方，或遁往國外，則領土雖然淪亡，而戰鬥力依然存在。

假使戰爭的動機要求不高，作戰不很緊張，和平的條件也未必非完全消滅敵的抵抗力不可。因爲媾和的動機也可以產生於：一方認爲勝算殊少，另一方不欲爲勝利支付過大的犧牲。這樣子，就不必戰到澈底的打倒敵人，在敵人不利的時候，就可以投降了。這也是戰爭不能以嚴密的數學計算，而爲蓋然性的一點。

然則如何可使敵人陷於不利，而知其將投降呢？第一、當然還是破壞敵的戰鬥力，及佔領其領土。這並不是以壓倒之勢殲滅敵人，僅使敵陷於不利。第二、考慮使敵增大犧牲的手段，即增大其力的支出，而消耗之。比方以連續不斷的小進攻，困疲敵的鬥志，及損失敵的物資，也是使敵屈服的一種手段。腓特烈大王深知沒有一舉就打倒奧大利帝國的力量，他把力量節約的使用到七年之久，坐觀奧大利與其盟國的利害衝突，卒至迫使敵人締約媾和，達到戰爭的目的。此外，尚有特殊的手段，可以不破壞敵的戰鬥力，而影響於戰爭的勝敗，即在政治上運用權謀術數，離間敵的同盟，並結納自己的與國，使外交有利於我。這方法比直接摧毀敵的戰鬥力，收效更宏。

有人把作戰的目標區別爲戰鬥力與領土，消滅戰鬥力叫殲滅戰，佔領領土叫消耗戰，拿破崙作戰的指導原則，偏重於會戰主義及殲滅戰略，腓特烈大王偏重於佔領土地的消耗戰略，史蒂芬元帥潛心研究殲滅戰略，並已達到最高峯。

剝奪敵的抵抗力而打倒之的三種方法，克勞塞維慈這種觀察，完全站在武力戰的立場。現代戰爭，還應該考慮經濟戰、思想戰。武力與政治經濟思想等，都要集中於一點，爲着戰勝。在現實世界，完全殲滅敵人是困難的，勝利必須依仗持久堅忍。第一次世界大戰末期，當德軍攻勢猛烈，聯軍形勢危岌的時候，聯軍總司令福煦就說：「戰爭不怕失土，不怕後退，在認爲失敗之時，纔眞正失敗。」

克勞塞維慈所說的特殊手段，那種謀略現在已成常套。在戰爭變成長期戰之時，外交尤其活躍。這裏，預防間諜是必要的。

五、決戰的價值

破壞敵的戰鬥力雖說僅是戰爭諸目的之一，然這個目的是所有軍事行動的基礎，是最後的支點。如以決戰殲滅敵的戰鬥力，一舉便可成功，但同時決戰須甘冒危險與忍受犧牲。萬一敗北，則將反爲敵所乘。決戰以外的其他手段，成功小，犧牲與危險亦小。故決戰對摧毀敵的戰鬥力，在戰爭中恆居最高的地位。以冒險流血解決戰局，實乃戰爭的嫡生子。苟戰爭的動機脆弱，戰力的緊張程度不強之時，深思遠慮的將帥，必用心於利用敵之特殊弱點，在戰場與帷幄之內，尋求避免流血決戰，而可以達到媾和的道路。倘其追尋理由充分，並有得到良好結果的希望，我們就沒有非難將帥的權利。不過，這是將帥的左道，一個將帥應該時刻不忘決戰，警戒並準備迎接決戰。

在拿破崙以前，即在傭兵時代，戰爭是迴避決戰，採取機動主義的。在那個時代的智謀將軍，一旦遇到拿破崙以國民皆兵爲地盤的決戰主義，輒游移不決，以弱兵虛與委蛇，而其結果即多陷於遭受各個擊破的悲劫。克勞塞維慈所謂「恐懼軍神的責罰，以決戰爲戰爭的嫡生子」，一部拿破崙的戰爭史，最足以爲這個眞理證明與辯護。故不論利用何種情勢或手段去追屈敵人，既欲戰爭，就必須日夜無忘準備決戰。

六、戰略上的第一原則

戰略上的第一原則，乃在戰局決定的瞬間，儘量把多數的軍隊，集中到戰場。因若除去軍隊的武器，組織及各種技術不論，即假定兩軍的精粗相伯仲，決定戰鬥結果的要素，乃兵數的優勢。腓特烈大王在羅亭（Leuthen）之役，以三萬兵破奧大利八萬大軍，在羅斯巴哈（RossBach）以二萬五千破聯合軍五萬，在近世史上，戰勝二倍乃至三倍以上的敵兵，其例不過如此。拿破崙在來比錫以十六萬當二十八萬就失敗了。由此觀之，擁有絕對多數的兵力，而巧妙運用之，實爲決戰重要的條件。這好像是一個平凡的理由，然在十八世紀這理由却被兵家所輕視，當時的戰史不記載兵數，有人且持一種可驚的思想，以爲兵數超越一定的標準，便屬於過剩的戰鬥力，而有害無益。當然，在絕對優勢的兵力不可得之時，當求其次，保持相對的優勢。所謂相對的優勢，好像時間與空間的測定最重要，其實也不然，腓特烈大王與拿破崙，恆以一軍擊破數軍之敵，不過以其正確的料敵，不惑於眼前的現象，勇敢而果斷而已。

由戰略上言，應把主力用在主要的決戰戰場，此乃用兵之第一鐵則。在同一戰場內，由戰術上說，兵力該指向敵人的弱點，弱點乃敵人致命之點。配備兵力最易患的毛病是平均，即沒有形成一個重點，把主兵力集中到一點是必要的。

兵力要集中在那裏呢？拿破崙說：「面向砲聲前進」！即集中在敵人的前面。史蒂芬修正了拿破崙的話，說：「向砲聲的背後前進」！就是集中兵力到敵人的背後去，實施包圍的殲滅戰。

腓特烈的戰法是猛衝敵人的側面及背後，一舉而求決戰。拿破崙的決戰分做兩階段，第一階段先擾亂敵人，破壞敵人，第二階段繼以主力攻擊敵的弱點，而求決戰。第一次世界大戰，德國所用的戰略，把主力集中西線，猛撲法蘭西，即求一舉而決定戰局。法國所用的戰略反是，首先到處發動小戰爭，把德軍的預備役吸收到前線，然後實行決戰。這是二段決戰的方法。一舉決戰是理想主義，二段決戰是現實主義，各有短長，好壞很難說。克勞塞維慈的意見則以爲：「無論加何，要把優勢兵力保存到最後，這是非常必要的。」

七、奇襲

奇襲是獲得優勢的手段。尤其在要佔居相對優勢的時候，應該奇襲。奇襲的效果，不但可補上的劣勢，在精神上也有獨立的功績，譬如一度奇襲大成功，敵軍突起混亂，足以寒其膽，挫折其士氣。此事對於擴大戰鬥的勝利與有力量，在戰史上的例子不勝枚舉。

奇襲的成功或失敗，多數決定於軍隊，將帥，及政府的性質。但有兩個要件：第一要保守祕密，第二要行動迅速果敢。當然這兩個要件仍以政府及將帥的意志倔強，與軍隊的紀律嚴明，爲其前提。若政府軟弱及軍紀頹唐，奇襲的成功是沒有把握的。

奇襲用於戰術的最多，在戰術上奇襲的性質，時間與空間的範圍比較小。在戰略上應用奇襲，也多接於戰術的領域。至靠近政治領域，應用奇襲就困難了。

普通戰爭的準備，總要花費幾個月的時間。在這時間的動作，要瞞騙敵人不令其偵知，實在很難。但若以一二日的功夫，就可以收拾戰局，則應用奇襲的可能性頗大。實際上，往往要僅先敵一日，就已佔領了敵人的陣地，道路及重要據點。

如無具備充分的條件，奇襲的目的不能達到。比方腓特烈大王於一七六〇年七月向奧軍奇襲就沒有奏功，一八一三年拿破崙兩度由德累斯頓(Dresden)奇襲普將布留歇軍，兩度失敗。不但浪費時間與力量，徒勞無功，且因奇襲而致陷於危險的境地。奇襲的成功，不但靠指揮官的勇敢與果斷，還要配合其他的條件，要準備周詳，要以旺盛的士氣壓倒敵人的士氣。

克勞塞維慈論奇襲的要旨，即自古兵家所宗奉的「出其無意，攻其無備」一訣。在日本的戰史上，桶狹間與嚴島之會戰，鴨越之戰等，奇襲之功居多。十二月八日攻擊珍珠港也是奇襲，日本報紙第一個標題就是「我軍奇襲成功了」。現代戰的一切兵器皆講快速化，特別因爲飛機的發達，空間縮小了，時間也縮短了，戰鬥的勝敗，不但決定於一日或一時之差，若空戰一分一秒之差都關係重大。在這樣的情況下，奇襲的可能性增大了。克勞塞維慈所說實施奇襲要在較小的時空範圍內，此原則已不適當。蘇聯有個軍事評論家說；「對日本作戰，不應以空間計算，應以時間計算」。這話很有道理。

八、精神上的各種力量

精神上的力量有三種：將帥的天才，軍隊的武德，及國民精神。戰爭的氛圍氣，由四部分構成，即危險，肉體的辛勞，不確實性，及偶然。在此氛圍氣中生活，而欲作確實與有效的行動，非其智、情、意特別强有力不可。第一、戰爭是推測的世界。作戰基礎的一切事物，四分之三在五里雲霧中，不能明白，須賴敏銳的智慧，加以判斷與抉擇。第二、戰爭是偶然的世界，在人類活動的任何領域，沒有再比戰爭更偶然的了。偶然即事態的進展，往往與預期相反。預期與現實鑿枘，又就要變更計畫。這樣不斷的在偶然又偶然之上，要以不完全的資料，應付繁變，非有堅强的意志不可。第三、照上所說，從事戰爭的人，要在可預料的新事實中，毅然決然繼續戰鬥，即無論在怎樣黑暗的境遇，也要保持一道光明，依傍微茫的光明，向前行進。這就需要大勇的感情。

將帥必須具備的心力，爲統一力與判斷力發展而成的一種可驚的洞察力。

戰略的原則雖簡單，履行之則不容易。當戰爭爆發，根據政治的形勢，決定戰爭的性質及其內容不難看出戰爭的方針。但要把握這方針，始終不變，不受其他因素所誘惑，所欺蒙，而變更初衷，則其人非具有堅强的性格，非凡的聰明，及正確的思慮不可。縱觀古今的英雄豪傑，或優於智慮，或富於膽力，或强於意志，很少兼具智情意之長，三種優點集於一身的人物。然必須有這種人物來統帥三軍，纔能超出凡人的水準，而成大功。

軍隊之爲物，要在破壞一切的炮火之下，不失平常的心情，不爲恐怖所懾伏，面臨危險而一步一步的去克服危險。在戰勝之時，精神旺盛不要緊，若逢失敗之時，仍要服從指揮，對長官尊敬信賴，這就不但應該鍛鍊肉體的力量，還應該使軍隊滲透武德，遵守紀律，受好名譽及忠於任務。

武德包括勇敢，膽力，堅忍及服從，是戰爭最重要的精神力之一，此精神的源泉，一來自連戰皆捷的傳統，二來自艱難困苦的磨鍊。將帥對士兵，應反復要求其忍受艱苦，以艱苦來試驗自己的力量。

只有在勝利的日光照耀下，在不斷活動與艱苦的土壤裏，這種精神——武德，纔能萌芽，且茂盛。等到這種精神——武德，成爲參天大樹的時候，就非任何失敗的颶風所能吹倒了。

克勞塞維慈處處强調精神力量爲戰爭所不可缺少的要素，並對於以前的兵書不討論精神，深表遺憾。這種見解可以奉爲戰場的圭臬，尤以思想戰尖銳化了的今日，各種精神力量，實都需要加以昂揚。

克勞塞維慈之後，普奧與普法戰爭，爲短期戰，他的戰爭論，未能盡符合。但到日俄戰爭及第一次世界大戰，戰爭的性質又轉爲長期戰了。現在戰爭使用多量的快速武器，戰爭的規模是世界的，克氏的理論，自然有許多地方不能說明。但其著作去今已經百餘年，我們不應該過事苛求。就純理論說，這本書實在達到戰爭理論的最高峯。又克勞塞維慈夫人，把他遺稿整理刊布，且爲之序，其功績當與此書共垂不朽。

一九四三年春譯於重慶

依克氏戰理論臺灣攻防戰

李浴日

客中偶翻拙譯「克勞塞維慈戰爭論綱要」一書，於讀完守勢攻勢兩篇後，不禁認爲來日共匪如果冒險攻臺的話，它不啻說明了「匪的必敗，我的必勝」了。

克氏是十九世紀的大軍事家，曾歷充普魯士軍團參謀長，軍官學校校長，砲兵總監等職，其所著「戰爭論」一書，在世界兵學上確是一部燦爛輝煌的傑作，史蒂芬元帥譽爲具有「永久的價值」。史布爾將軍評說：「克氏學說的永久法則，雖然他的適用形態是會繼續變化着，但不論在任何戰爭的場合，人們必須依據他的法則去觀察，去研究才可。」所以我們現在依克的法則來觀察和研究來日臺灣的攻防戰，自可得到完滿的答案了。

克氏於探討腓特烈大王戰史，觀察拿破崙戰爭及研究其他戰史和軍事學術後，便在其「戰爭論」一書上强調：「守勢爲最有利的作戰形式」。今日我們防守臺灣即是守勢作戰，那當比匪軍的攻勢作戰爲有利了。

克氏在守勢篇的第一章說：「守勢是抵抗敵之攻擊，而粉碎其企圖之謂，其特徵係等待敵的進擊，即在實戰上，守勢是相對的，不是絕對的。守勢本身的目的，在維持現狀，於每一部份上，欲殲滅敵軍，則常要伴着採取攻擊的各種動作。」這不啻說明了我們臺灣保衛戰的本質。克氏跟着指出守勢的價值有如下兩點：

①等待之利：由於攻者的誤認恐怖怠慢等所生的一切躊躇，防者均可因之而造成有利的結果。

②地形之利。

克氏又從戰術上，比較攻防兩種手段的利害，認爲戰鬪的勝因即：攻者實行全體的（以軍的全部）奇襲爲有利，防者則以實行部份的奇襲爲有利；攻者須企圖包圍攻擊其全體爲有利，防者則以完成部份的包圍企圖爲有利。至於地利專屬於防者。再，從戰略上比較攻防兩種手段的利害，認爲戰略的勝因即：攻者戰略上的奇襲比較戰術上的奇襲，其效果更大，但非乘防者的過失不可，且此種現象不常有。防者乘攻者兵力分離之際，而奇襲之，利益屬於防者。攻者火力包圍的不可能及交通線當侵入敵國時，易發生弱點。防者在戰術的場合較可減少退路的威脅，及活用內線的效果。攻者侵入敵地愈廣，則戰場之補助作用的效果愈減少。防者則有要塞的援助，糧食及補給的便利。防者有國民軍的協助，民衆武裝的蠭起等利益，而攻者則無（如臺灣內無匪患）。又地形之利專屬於防者，而攻者則無。至於攻者雖具有精神的優越，但防者憑將帥的才能，而巧爲利用之，則尤優。克氏依於上述的綜合研究後，便斷定守勢比攻勢爲更有利的作戰形式，眞是眞知灼見！克氏更進一步斷定說：「大抵防者取守勢時，兵力常比敵爲寡且弱，不過對於優勢的兵力而取守勢的防者，則攻勢亦未必成功。」現我防守臺灣正擁有優勢的海空軍（就基地說），亦擁有優勢陸軍（就匪軍的渡海運輸力說），於此，對於匪軍攻臺的必敗，我軍守臺的必勝，已可推知過半了。

其次，讓我再就克氏關於守勢會戰的要塞，防禦陣地，民衆武裝及地形諸端的立論給予臺灣來日攻防戰一個較具體的說明：

克氏說：「守勢會戰主要的是利用要塞或陣地而施行。」又說：「守勢時，要塞的價值，遠比攻勢爲大，即攻者不能使用國境附近的要塞，反之防者却可適切利用深設於國內的要塞。」現我對匪渡海進攻，既擁有過去日人所慘淡經營而又經過加強的基隆、高雄、馬公諸區要塞，這是匪軍所無的，須知攻擊要塞爲兵家所最忌，第一次歐洲大戰德軍屢攻凡爾登要塞不下，兵力消耗過大，死傷達五十萬人，便導致戰爭的失敗了。至就防禦陣地說，我已於臺灣沿岸設有如克氏所說的「堅固陣地」，「設堡陣地」，「側面陣地」，如匪來攻，必遭我強烈的砲火所消滅，何況尚有海空軍與戰車群的助戰。

克氏說：「在國內防禦上，防者可以得到民衆很大的協力，如軍需補給、諜報等。反之攻者欲向民衆課徵時，要出以武力的強制，則很困難和麻煩；民衆的協力愈密切時，便變爲武裝蠭起，即武裝自動參戰，像拿破崙苦惱於西班牙國民武裝的戰例，便可見其效力的偉大。」臺人向富戰鬪性，過去所謂「三年小亂，五年大亂。」便是明證。所以我們應利用其戰鬪性予以組訓，使其協力作戰，制匪死命。克氏說：「地形爲戰略上的一個要素，影響於攻守極大。」現我守臺灣與匪作戰正佔有優勢的有利地形。如前線據點金門、馬祖，及臺灣海峽，即等於克氏所說的足以制敵死命的「國土鎖鑰」，如果匪對這些鎖鑰，沒有辦法打開，休言攻臺。而我們守臺亦以拒止共匪於臺灣海峽之外爲上策。克氏在書中雖沒有提及渡海作戰，但相當於渡海作戰，則論之頗詳，他指出河川可以增強防者的抵抗力，乘其半渡而擊之，又可以予敵交通線的威脅，海峽更不待說。所以匪軍沒擁有優勢的海空軍當不敢渡海攻臺，縱冒險偷渡成功，其交通線與退却線必被我海空軍截斷而陷於絕境，亦卽克氏所說具有「對側動作」的價值。次就山岳與森林而說：臺灣爲山岳縱橫，林木蔽天之地，尤以東部懸崖峭壁，更令共匪望而生畏，不待說，這都是對我有利，對匪不利的。克氏說：「山岳影響於用兵最大，就中如使攻者行動不便及強化當地部隊的抵抗力，往往以山岳防禦的防者處於絕對有利地位。」又說：「在森林蔽天的國度，則不便於攻者的作戰，又以敵方小部隊不時的出擊，更足以威脅攻者的交通線。」且兩者均可作爲民衆蠭起的據點。

還有，克氏說：「國際間利害的錯綜，足以促進政治的均衡，並有維持現狀的傾向，故防者爲維持現狀採取自衛行動，便易取得同盟諸國的同情與協力，成爲有利的援助。」現在臺灣地位足以決定亞洲的命運，如果臺灣一失，則菲、日、韓及東南亞各國均受威脅，而美國太平洋防線亦發生破綻，故最近美國在匪軍攻臺前，卽派其第七艦隊前來協防，（按中美兩國現又締結共同防禦條約，是比當時又進一步）這眞是一個積極的「協力」，成爲我們「有利的援助」。

最後克氏再指出戰略攻勢的極限說：「攻者絕對的戰鬪力的逐漸減弱，係由於下列各種原因：①爲保有侵略地，須分兵守之。②爲使交通線安全，不妨碍糧食的補給，必須佔據其背後各要點。③因戰鬪及疾病的損耗。④因策源地的遠隔。⑤因包圍要塞及攻城的損耗。⑥因人力的疲勞。⑦因同盟國的背叛。」這也足以有助於我們了解匪軍攻臺的必敗。但僅憑臺灣會戰的勝利，依然不能「打倒敵人」，而欲根本「打倒敵人」，必須乘勝「轉爲攻勢」，卽跨海反攻大陸。正如克氏說：「守勢作戰的直接目標雖屬保守，但要打倒敵人，非跟着轉移攻勢不可，換言之，要想打倒敵人，先取守勢形式。就一八一二年戰役的一面說，可以看出俄軍係先取守勢的形式，而開始作戰，至法軍的戰力消耗殆盡，方突然轉爲攻勢而打倒之。」這不啻又是給我們一個英明的指示。克氏的戰理眞是偉大！所以我們希望守臺的將校們研究「戰爭論」，並活用「戰爭論」，使克氏的戰理與我們祖傳的孫子兵法同在今日東方戰場——神聖的反共抗俄戰爭上再開燦爛之花，結美麗之果。**（本文作於民三九、六、廿八日，距今已六年，載拙著「臺灣必守論證」一書）**

臺版再版後記

最近在美國兵學界裏都一致承認「克勞塞維慈戰爭論是一部天才的著作，它不但帶了辯證法的色彩，還充滿了理性，並無絲毫的學究氣。」（見美外交季刊）今日美國自艾森豪總統以至一般將校莫不研究克氏戰爭論，縱是戰爭已進入原子戰爭的新時代。

總統蔣公最近指示我們說：「克氏此書至為重要，不可以一讀為已足，尤其前方指揮官應視此書如孫子兵法然。日人常將孫子與克氏之說並用，亦可覘其重要，願各切實研究為要。」（見實踐週刊）多麼深切著明！

所以近來讀本書者亦日衆了。值玆三軍將校正需學習之時，又以臺灣海峽風雲的緊張，不論為攻為守，本書都有再版之必要。

古寧頭之殲滅戰，彷彿拿破崙的作風，五年金門之持久戰，又似腓特烈的精神。克氏以研究拿破崙戰爭與腓特烈戰爭而完成他震撼古今的巨構，今本書再版，承胡伯玉上將題簽，更覺得有意義。又承國防大學校長徐培根上將題詞，使本書倍增光彩。謹此誌謝。

李浴日記 四十四年三月十日於臺北

國家圖書館出版品預行編目資料

《戰爭論》綱要／成田賴武原著；李浴日翻譯. --
1 版. -- 新北市：華夏出版有限公司, 2022.06
面； 公分. -- （Sunny 文庫；234）
ISBN 978-626-7134-14-6(平裝)

1.CST: 戰爭理論 2.CST: 軍事

590.1 111005474

Sunny 文庫 234
《戰爭論》綱要

原　著　成田賴武
翻　譯　李浴日
印　刷　百通科技股份有限公司
電話：02-86926066 傳真：02-86926016
出　版　華夏出版有限公司
220 新北市板橋區縣民大道 3 段 93 巷 30 弄 25 號 1 樓
電話：02-32343788 傳真：02-22234544
E-mail：pftwsdom@ms7.hinet.net
總 經 銷　貿騰發賣股份有限公司
新北市 235 中和區立德街 136 號 6 樓
電話：02-82275988 傳真：02-82275989
網址：www.namode.com
版　次　2022 年 6 月 1 版
特　價　新台幣 380 元 (缺頁或破損的書，請寄回更換)

ISBN：978-626-7134-14-6